高职高专"十一五"规划教材

计算机应用基础实训教程

——上机实验指导书

（第5版）

主　编　张兴元　孟林树

副主编　梅灿华　王志宏　刘竞杰

编　委　（按姓氏笔画排序）

王　红　王志宏　刘竞杰

吴　涛　张兴元　李　棚

陈功平　孟林树　梅灿华

U0322632

合肥工业大学出版社

图书在版编目(CIP)数据

计算机应用基础实训教程:上机实验指导书/孟林树,张兴元主编.—5 版 .—合肥:合肥工业大学出版社,2013.8

ISBN 978 − 7 − 5650 − 1493 − 2

I.①计… Ⅱ.①孟…②张… Ⅲ.①电子计算机—高等职业教育—教学参考资料 Ⅳ.TP3

中国版本图书馆 CIP 数据核字(2013)第 202642 号

计算机应用基础实训教程
——上机实验指导书(第 5 版)

主编　孟林树　张兴元　　　　　　　　责任编辑　陆向军

出　版	合肥工业大学出版社	版　次	2006 年 8 月第 1 版
地　址	合肥市屯溪路 193 号		2013 年 8 月第 5 版
邮　编	230009	印　次	2013 年 8 月第 10 次印刷
电　话	综合编辑部:0551 − 62903028	开　本	787 毫米×1092 毫米　1/16
	市场营销部:0551 − 62903198	印　张	12.5　字　数　304 千字
网　址	www.hfutpress.com.cn	发　行	全国新华书店
E-mail	hfutpress@163.com	印　刷	合肥星光印务有限责任公司

ISBN 978 − 7 − 5650 − 1493 − 2　　　　　定价:23.00 元

前　言

（第 5 版）

　　本书是《计算机应用基础》一书的配套实验指导教材，用于辅助实践教学，也可单独作为计算机基础及应用课程的实习实训、上机练习和指导教材。

　　内容包括键盘操作，指法练习，如何选择微机配件和微机的组装，如何安装、设置及操作 Windows XP，Word 2003 文字编辑与排版，Excel 2003 表格处理及计算，幻灯片的制作方法，多媒体技术，如何浏览、因特网等上机实验。

　　根据教学基本要求本书共分 8 章，安排了 36 个实验，166 个任务。每个实验都有详细的实验步骤，引导学生快速掌握计算机的基础知识和基本操作。每章实验按知识体系顺序编排，每个实验又分若干具体内容。其中，第 1 章计算机的基础知识，共安排了 2 个实验，8 个任务；第 2 章 Windows XP 操作系统，共安排了 6 个实验，33 个任务；第 3 章 Word 2003 文字处理，共安排了 8 个实验，33 个任务；第 4 章 Excel 2003 电子表格处理，共安排了 6 个实验，36 个任务；第 5 章 PowerPoint 2003 演示文稿的制作，共安排了 6 个实验，31 个任务；第 6 章多媒体技术，共安排了 3 个实验，13 个任务；第 7 章计算机网络基础与 Internet 应用，共安排了 4 个实验，9 个任务；第 8 章信息安全与职业道德，共安排了 1 个实验，3 个任务。

　　本书第 3 章及以后各章是在 Windows 精典桌面下运行的。

　　本书力求内容丰富、语言简练，并希望通过大量的实验介绍计算机应用的相关知识。读者只要按照书中的实验上机练习，并结合《计算机应用基础》教材所介绍的知识，就一定能够全面地掌握计算机应用的基础知识。

　　本书可作为高等职业学校、高等专科学校、成人高校及本科院校举办的二级职业技术学院和民办高校的计算机文化基础教材，也可作为全国计算机等级考试及各种培训班的教材，还可以作为广大工程技术人员普及计算机文化的岗位培训教程。同时，也可作为广大计算机爱好者的入门参考书。

　　本书在编写过程中得到了各方面的大力支持，在此一并表示感谢。由于水平有限，错误和不足之处在所难免，衷心希望读者不吝指正。

编　者

2013 年 8 月

目　　录

---

*　根据开课专业和学院设备具体情况选做。

---

　*　如学院有 FTP 服务器，则此实验可作适当调整。

第 1 章　计算机基础知识

要点精讲

计算机的诞生和发展是 20 世纪后 50 年代人类技术史上的奇迹。从 1946 年第一台计算机诞生到现在虽然只经历了半个世纪的发展,但其发展速度、影响程度、应用领域都超过了以往的任何一项技术发明。现在以计算机为核心的 IT 产业得到迅猛的发展,信息技术也在各领域得到广泛应用。

通过本章学习我们可以掌握计算机的基础知识,主要包括:

1. 计算机的诞生与发展

世界上第一台计算机是美国宾夕法尼亚大学的一批青年科技工作者于 1946 年研制成功的,命名为"ENIAC"。

2. 计算机的应用

(1)数值运算;(2)数据处理;(3)过程控制;(4)计算机辅助设计;(5)人工智能;(6)计算机辅助教育(CAI);(7)信息高速公路。

3. 计算机的硬件系统

一台电子计算机系统的硬件由运算器、控制器、存储器和输入输出设备这五大部件组成。

4. 计算机的软件系统

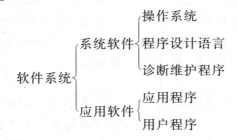

5. 数据的表示和转换

掌握二进制数、八进制数、十进制数和十六进制数的概念和转换。

6. 计算机中数据大小的表示方法

熟悉位"bit"、字节"byte"、字"Word"和字长的概念,掌握 KB(千字节)、MB(兆字节)、GB(千兆字节)和 TB(兆兆字节)等之间的换算。

实验一　熟悉计算机基本操作手段

【实验目的】

1. 掌握键盘的正确使用方法,养成正确的键盘操作姿势;

2. 掌握英文指法输入;

3. 掌握"智能 ABC"和"五笔字型"汉字输入法。

【实验内容】

1. 认识键盘；

2. 英文输入指法练习；

3. 中文输入练习；

4. 使用金山打字练习"五笔字型"输入法。

【实验环境】

安装了 Windows XP Professional 操作系统的微型计算机一台,并已安装了"金山打字 2006"应用程序。

【实验步骤】

一、认识键盘

任务描述：

用鼠标左键单击"开始"按钮,将鼠标指针指向"程序",再指向"附件",最后将鼠标指针指向"记事本"单击鼠标左键,启动"记事本"程序。

1. 在计算机键盘的主键盘区按顺序敲下 ABCD…… 键,敲一下 Caps Lock 键后(观察状态指示灯的变化)再敲下 ABCD…… 键,观察前后屏幕的区别；

2. 分别在状态指示灯亮与不亮的情况下,在键盘的主键盘区按顺序敲下 ABCD…… 1234567890 等键,再按住 Shift 不放,顺序敲下 ABCD…… 1234567890 等键,观察前后屏幕的区别；

3. 在键盘的辅助键区按顺序敲下 12345…… * + - / 等键,敲一下 Num Lock 键后(观察状态指示灯的变化)再敲下 12345…… * + - / 等键,观察前后屏幕的区别；

4. 在键盘的编辑键区按顺序敲下 → ← ↑ ↓ Home、End 等键,观察屏幕的变化；

5. 在键盘的功能键区敲下 F1 键,观察屏幕的变化。

操作提示：

计算机键盘由主键盘区、辅助键区、功能键区、编辑键区和状态指示区构成,如图 1-1 所示。主键盘即通常的英文打字用键(键盘中部)；辅助键区即数字键组(键盘右则与计算器类似)；功能键组即键盘上部 F1—F12；编辑键区在主键盘区和辅助键区之间；状态指示区指示键盘当前的状态。

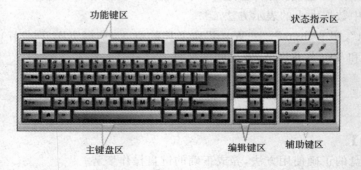

图 1-1　键盘键位分布图

这些键一般都是触发键,不要按下不放,应一触即放。

1. 按下 Caps Lock 键,Caps Lock 指示灯亮,锁定字母为大写状态。

2. 按住 Shift 键,反转字母大小写,双字符键为上档字符。

3. 辅助键区的键多为光标控制键,Delete 键为删除键,Insert 键为插入改写转换键。

4. F1 键多为帮助键,其余功能键在不同情况下有不同的功能。

二、英文输入指法练习

任务描述:

键位练习,输入下列英文字母:

(1) ads jkl asdf jkl asdf jkl asdf jkl asdf jkl asdf jkl add add all all asas ask ask sad sad salad salad fall fall lad lad had had 'has has' 'half half' 'gas gas' "dash dash";"glass glass".

(2) ally ally salt salt shut shut start start drug drug dark dark dual dual dusk dusk dust dust duty duty flag flag just just lady ladylast last gray gray gulf gulf halt halt talk talk that that thus thus sugar sugar laugh laugh hurry hurry not not run run fun fun gun gun job job now now new new net net sin sin son son he he tea tea year year value value vase vase via via bit bit boy boy bus bus buy buy rub rub book book best best but but be be bad bad.

(3) aid aid air air did did die die dig dig due due her her fit fit his his its its key key let let deal deal else else file file head head heat heat hers hers less less real real ride ride they they this this yard yard ahead ahead alike alike arise arise aside aside large large right right shift shift met met back back cake cake call call came came cent cent coin coin cold cold come come cure cure such such.

(4) ago ago for for got got hot hot off off oil oil out out play play too too who who way way why why also also does does door door drop drop flow flow food food fool fool four four good good help help wait wait wake wake wall wall weak weak wear wear week week well well wide wide wife wife will will wish wish taxi taxi exit exit text text test test next next.

(5) question question quite quite quote quote quick quick pay pay please please path path peak peak zero zero zip zip zone zone size size What What Whose Whose Where Where When When Why Why Shell Shell Have Have Had Had Can Can Could Could Do Do Dose Dose Did Did Have Have Are Are Was Was Were Were.

操作提示:

1. 键盘正确的操作姿势:

(1)面对键盘坐下,身体的重心放在椅子和脚上,稍稍直腰和挺胸。

(2)手臂提起,两肘轻轻地靠贴在腋旁并成为手臂的支撑点。

(3)手腕自然地轻放在键盘上,收缩中指和无名指,使四指的落点成一直线,右手的大拇指轻放在空格键上。

(4)保持手腕轻松和自然的状态,并带有一点手背向里翻的感觉。

2. 键盘正确的操作指法:

(1)手指停放于基本键位之上。左手食指为 F 键,中指为 D 键,无名指为 S 键,小手指为 A 键;右手食指为 J 键,中指为 K 键,无名指为 L 键,小手指为;键,大拇指为空格键。

(2)每个手指分管按键,各司其职。左手食指分管 4RFV5TGB8 键,右手食指分管 7UJM6YHN8 键,左手中指分管 3EDC4 键,右手中指分管 8IK,4 键,左手无名指分管 2WSX4 键,右手无名指分管 9OL.4 键,左手小手指分管 1QAZ 和周边各控制按键,右手小手指分管 0P;/和周边各控制按键。

(3)按键时,只有击键的手指才伸出去击键,击完后立即回到基本键位,其他手指不要偏离基本键位。

(4)练习盲打操作,击键时,两眼看文稿,绝对不要看键盘,精神注重集中,手指处于基本键位,凭直觉击键。

(5)按键时,垂直地轻击键盘,干脆利落。逐渐培养节奏感,如弹钢琴一般,分享击键的欢乐。

3. 在记事本中进行英文输入练习步骤:

(1)单击"开始"按钮,将鼠标指针指向"程序",再指向"附件"。

(2)将鼠标指针指向"记事本",单击鼠标左键,启动记事本程序。

(3)单击记事本窗口右上角的最大化按钮,做下列练习:

输入(1)中字母进行基本键位练习;

输入(2)中字母进行食指离位练习;

输入(3)中字母进行中指离位练习;

输入(4)中字母进行无名指离位练习;

输入(5)中字母进行小手指离位练习。

(4)英文指法训练必须坚持正确的指法、盲打操作、循序渐进、反复练习,才能逐步取得成效,现按要求重复上述练习。

(5)单击右上角的关闭按钮,单击"否"按钮,关闭记事本程序。

三、中文输入练习

任务描述:

分别在"记事本"和"写字板"中输入下面的文字:

微型计算机诞生于 20 世纪 70 年代。微型计算机的发展到现在已有 20 多年的历史。20 世纪 80 年代初,世界上最大的计算机制造公司——美国 IBM 公司推出了命名为 IBM—PC 的微型计算机。IBM—PC 中的 PC 是英文"Personal Computer"的缩写,翻译成中文就是"个人计算机"或"个人电脑",因此人们通常把微型计算机叫做 PC 机或个人电脑。微型计算机的体积小,安装和使用都十分方便,对环境没有太严格的要求,而且价格也相对比较便宜,推出不久便显示出了它的强大生命力。近 20 多年来,世界上许多计算机制造公司先后推出了各种型号品牌的 286、386、486、Pentium(奔腾)等档次的微型计算机。到了 21 世纪,微型计算机以不可阻挡的潮水之势急剧发展,全面广泛渗透到社会的各个领域,以难以想象的速度和效率深刻地影响和渗透到人们的工作与生活的方方面面,改变着我们的思想和观念。

操作提示:

1. 单击"开始"→"程序"→"附件"→"记事本"(或"写字板"),启动 Windows 提供的文本编辑软件"记事本"和"写字板"的程序。

2. 使用 Ctrl＋Shift 切换中文输入的方法，或单击任务栏右下角"En"按钮，选择智能 ABC 输入法，屏幕左下角出现如图 1－2 所示图标，表示已进入智能 ABC 输入法状态。使用"智能 ABC"，可进行中文输入的练习。它是一种以拼音为主的智能化键盘输入法。在汉字输入过程中，对标点符号、英文字母、数字等应注意全角与半角的区别。

图 1－2　中文输入法

3. 在新建文本窗口中即可输入文字。

4. 在中文输入法图标前半部分  上单击右键选择"帮助"，可学习智能 ABC 输入法。

5. 在中文输入法图标后半部分 上单击右键选择相应项目，可以输入各种常用符号。

记住：符号输入完后，右击 选"PC 键盘"返回。

四、使用"金山打字"练习"五笔字型"输入法

任务描述：

1. 利用"金山打字"学习"五笔字型输入法"；

2. 选择：字根练习、单字练习、词组练习和文章练习各进行 10 分钟练习。

操作提示：

1. 在"开始"→"程序"→"金山打字 2006"中启动"金山打字 2006"；

2. 输入新的用户名后登录系统，如图 1－3 所示；

图 1－3　"金山打字"主界面

3. 选择"打字教程"→"五笔字型输入法"，认真学习五笔字型输入法；

4. 选择"五笔打字"分别进行字根练习、单字练习、词组练习和文章练习。

说明：要想熟练使用五笔打字，仅仅这一点点时间的练习是远远不够的，以后要经常练习，并在实践中使用，那样才能成为打字高手。

*实验二　熟悉计算机的硬件部件及常规配置

【实验目的】

1. 掌握拆卸、组装微机的过程；
2. 掌握加电测试的方法；
3. 熟悉 CMOS 基本设置。

【实验内容】

1. 拆卸及了解微机；
2. 组装微机；
3. 加电测试；
4. CMOS 基本设置。

【实验环境】

1. 多媒体微型计算机一台；
2. 带有磁性的十字螺丝刀、一字螺丝刀、尖嘴钳、硅脂等。

【实验步骤】

一、拆卸及了解微机

任务描述：

在老师的指导（或演示）下拆卸一台多媒体微机。

操作提示：

一把十字螺丝刀和一把尖嘴钳则是必需的工具。

在任务实现过程中，注意微型计算机硬件的安装和拆卸时需要有严格的防护措施，最常见的就是防止人体的静电可能对计算机的芯片造成的影响，最好戴上防静电手套。

计算机的硬件系统主要由主机箱、显示器、键盘和鼠标等部件组成，如图 1－4 所示。

耳机　　音箱　　键盘　　主机　　显示器　　鼠标

图 1－4　微机硬件系统配置示意图

1. 首先拆除外部设备连线，然后再打开主机箱；
2. 打开主机箱后，首先拆除各种连线（如前面板连线、电源线、驱动器数据线等）；
3. 拆除各种板卡（如显卡、网卡、声卡等）；

＊　根据开课专业和学院设备具体情况选做。

4. 取下内存条、CPU；

5. 取下主板、驱动器（如硬盘驱动器、光盘驱动器、软盘驱动器等）；

6. 最后是拆除电源。

说明：拆开微机机箱后，可以看到的主要硬件部件有主板、CPU、内存条、外存等，如图 1-5 所示。

1. 主板

主板是微机最重要的部件之一，是整个微机工作的基础。主板是微机中最大的一块高度集成的电路板。

2. CPU

在微机中，运算器和控制器被制作在同一个半导体芯片上，称为中央处理器（Central Processing Unit）简称 CPU，又称微处理器。CPU 是计算机硬件系统中的核心部件，可以完成计算机的各种算术运算、逻辑运算和指令控制。

3. 内存条

存储器分为内部存储器和外部存储器，内存条是微机的重要部件之一，它是存储程序和数据的装置，一般是由记忆元件和电子线路构成。微机内存一般采用半导体存储器。内存条由随机存储器（RAM）、只读存储器（ROM）、高速缓冲存储器（Cache）三部分组成。内存条专指 RAM。

4. 外存

外存是指硬盘、光盘、软盘、U 盘、移动硬盘等外部存储器。主板上的硬盘接口、光驱接口和软驱接口都与相应的外存设备相连，外存的特点是用于保存暂时不用的程序和数据。另外，外存的容量大，可以长期保存和备份程序和数据，同时不怕停电，便于移动。

图 1-5　微机主机箱内部结构

二、组装微机

任务描述：

在老师的指导（或演示）下将拆卸后的多媒体微机组装起来（或自己选配一台组装）。

操作提示：

装机的过程主要分为以下几个步骤：

1. 选件（自己选配时）

(1)配件尽量选择品牌信誉好一些、质保时间长一些的产品；

(2)检查配件，仔细检查每一个配件是否有外伤，是否有使用过的痕迹。

2. 安装驱动器

首先把光驱和硬盘安装到机箱内部的驱动器支架上，用螺丝固定好。

3. 安装 CPU、内存条

(1)把 CPU 插入主板上的 CPU 插槽（注意对准针脚）。CPU 插入以后，就可以把压杆按下，直到压杆紧贴主板，接下来把风扇安装到 CPU 上面；

(2)插入内存条。内存条接口即使设计的不对称，只要对齐缺口就可以顺利插入。插入以后，稍微用力压一下内存条，主板上内存插的槽扣就会自动卡紧内存条。

4. 安板卡

(1)将安装好 CPU、内存条的主板设置好跳线，再把主板安装到机箱内，用螺丝固定好；

(2)安装好各种板卡（如显卡、网卡、声卡等），用螺丝固定好。

5. 连线

(1)安装主板电源线；

(2)硬盘、光驱、软驱的数据线和电源线；

(3)最后是机箱开关、指示灯等和主板的连接。

6. 外部连接

(1)把鼠标、键盘连接主板。需要注意的是，键盘鼠标接口同样设计为不对称，大家要注意该接口中间长方形孔的位置。

(2)然后把显示器数据线连接到显卡上。

7. 加电测试，测试通过后盖上机箱盖。

8. 安装操作系统、应用软件，参见第 3 章实验五的一、二，实验二的一。

三、加电测试

任务描述：

1. 对组装好硬件的微机进行一次全面检查；

2. 加电测试，并对出现的不正常现象进行处理。

操作提示：

1. 对组装好硬件的微机在加电前必须要做最后一次全面检查。检查的主要内容有：

(1)CPU 风扇是否安装到位，风扇电源线是否接好；

(2)内存条是否插入良好；

(3)各个插头插座连接是否有误，接触是否良好；

(4)接口适配卡与插槽是否接触良好；

(5)各个电源插头是否插好；

(6)各个驱动器、键盘、鼠标、显示器、音箱的电源线、数据线是否连接良好。

检查无误后，就可以通电检查了。

2. 打开显示器电源和 PC 机电源开关。如果已正确配置了 PC 机，我们从屏幕上会看到一系列测试和验证过程，包括 CPU 速度和系统内存大小等。那么整个硬件系统的安装工作就全部完成了。否则就要关闭电源，进行如下检查：

（1）电源风扇不转，电源指示灯不亮，可能是电源开关未打开或电源线未接通。

（2）电源指示灯亮，但无声无显示，可能是连线不正确，或显卡、内存条接触不好。

（3）电源指示灯亮，喇叭鸣叫，可能出现的故障有键盘错误、显卡错误、内存错误、主板错误等。若有显示可依据提示处理，若无显示则主要检查内存和显卡。

（4）电源风扇一转即停，说明机内有短路现象，立即关机并拔去电源插头检查。检查的重点是主板电源线接插是否有错、主板与机箱是否有短路、主板和内存是否有质量问题、显卡是否安装不当等。这是严重故障，一定要小心、仔细检查，直到故障原因找到并排除后方能通电，否则易损坏设备。

如仍未通过测试，最好请老师帮助解决。

（5）加电后有异常现象，如器件冒烟、不正常怪声等，应请老师帮助解决。

四、CMOS 基本设置

任务描述：

1. 先装入优化设置，再将第一启动盘设为 C:盘；

2. 设置进入 CMOS，设置的密码为"St1005"。

操作提示：

CMOS 是目前绝大多数微型机中使用的一种可读写的 RAM 芯片。它是一种硬件，作用是保存数据，里面装有关于配置的具体参数，如系统日期和时间、主板上存储器的容量、CPU 的频率、磁盘驱动器的种类与规格等。与 CMOS 设置相关的是 BIOS 设置。BIOS 是系统的重要程序，有设置系统参数的设置程序，确切地说是"通过 BIOS 设置程序设置 CMOS 参数"。

1. 由于 BIOS 的规格型号不同，进入 BIOS 设置程序的方法也不同，通常是在计算机启动时，屏幕上会出现进入 CMOS 的提示信息，如 Phoenix－AwardBIOS 就是按下"Del"键；

如果没有设置密码，则会出现 CMOS 设置主菜单，如图 1－6 所示。

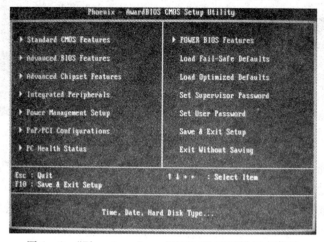

图 1－6　"Phoenix－AwardBIOS CMOS"设置主菜单

2. 用方向键选择"Load Optimized Defaults"项，敲回车键后输入"y"，敲回车键即可装入优化设置，如图 1－7 所示。

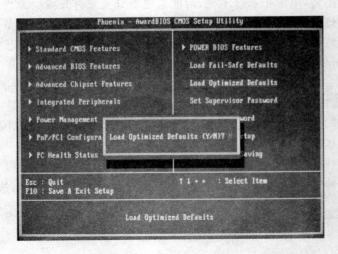

图 1-7　"Load Optimized Defaults"装入优化设置对话框

3. 设置 C:盘为启动盘

(1)用方向键选择"Advanced BIOS Features"项,敲回车键进入设置选项,如图 1-8 所示。

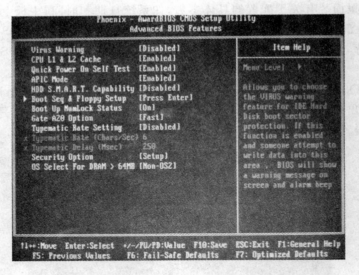

图 1-8　"Advanced BIOS Features"高级 BIOS 设置菜单

(2)用方向键选择"Boot Seq & Floppy Setup"项,敲回车键进入启动盘设置选项菜单,如图 1-9 所示。

(3)用方向键选择"First Boot Device"项,敲"PageDown"或"PageUp"键,选"HDD-0"设置启动盘为 C:盘。

4. 选择"Set Supervisor Password"项,敲回车键可设置密码。注意密码需输两遍,一定不要忘了。

都设置好之后,选择"Save & Exit Setup"退出并保存 CMOS 设置。

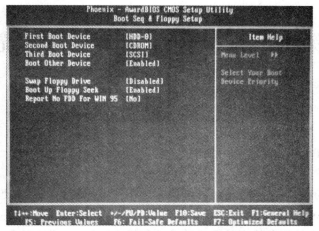

图 1 - 9　"Boot Seq & Floppy Setup"启动盘设置菜单

第 2 章　Windows XP 操作系统

要 点 精 讲

Windows XP Professional 是微软出品的功能强大的,具有多用户、多任务的图形界面的桌面操作系统。

通过本章学习我们应该掌握 Windows XP 操作系统的基本功能和使用方法,主要包括:

1. 操作系统基础知识

操作系统是用来控制和管理计算机的硬件和软件资源,合理地组织计算机流程,并方便用户有效地使用计算机各种程序的集合。它是计算机硬件与其他软件的接口。

2. 中文 Windows XP 的基本常识

Windows XP 有两个版本:(1)Windows XP Professional (专业版);(2)Windows XP Home (家庭版)。

3. 中文 Windows XP 的基本操作

包括熟练操作鼠标、窗口和对话框的基本操作、菜单的操作方法和正确使用剪贴板(Clipboard)等。

4. 中文 Windows XP 的文件管理

掌握文件和文件夹的概念、文件和文件夹的命名规则,熟练掌握文件和文件夹的选定、重命名、删除、复制与移动等基本操作。

5. 中文 Windows XP 控制面板的使用

控制面板是提供的一个管理计算机的有效工具,必须很好掌握,主要有安装和删除程序、添加新硬件和其他一些工作环境设置。

6. DOS 命令的基本操作

常用的 DOS 命令有:FORMAT(格式化磁盘)、DIR(显示文件目录)、MD(建立目录)、RD(删除空目录)、CD(更改当前目录)、COPY(拷贝文件)、DEL(删除文件)、TYPE(显示文件内容)。

7. 中文 Windows XP 附件的使用

附件是 Windows 提供的各种小程序。如使用"写字板"和"记事本"来输入文字,使用"画图"程序绘画,用"计算器"进行简单的计算,用视频播放器"Windows Media Player"播放视频文件等。

实验一　Windows XP 基本操作

【实验目的】

1. 掌握系统的启动与退出的方法,系统帮助的方法;

2. 熟悉窗口、对话框的组成及其基本操作。

【实验内容】

1. 系统的启动；

2. 鼠标练习；

3. 认识窗口及其基本操作；

4. 认识对话框及其基本操作；

5. 使用系统帮助；

6. 系统的退出。

【实验环境】

安装了 Windows XP Professional 操作系统的微型计算机一台。在 D：盘根目录下建有"练习"文件夹，其文件夹中存有"练习 1. DOC"文件。

【实验步骤】

一、系统的启动

任 务 描 述：

启动计算机并进入 Windows XP 操作系统界面。

操 作 提 示：

1. 打开计算机的电源开关；

2. 计算机会自动运行 Windows XP；

3. 片刻后屏幕上会出现登录提示，按要求你可选择（用鼠标单击）相应的用户名并输入密码；若没有设置密码，可以直接单击用户名进入 Windows XP。

二、鼠标练习

任 务 描 述：

使用鼠标完成下面几种操作：

1. 单击打开"开始"菜单；

2. 用右键打开"我的电脑"，并双击打开 D：\，将图标排列改为按"大小"顺序排列；

3. 打开"D：\练习"文件夹，把鼠标定位在"练习 1. DOC"的图标上，再利用鼠标拖动到其他位置；

4. 分别打开"纸牌"、"扫雷"游戏，各玩 15 分钟进行鼠标练习。

操 作 提 示：

鼠标是计算机应用中最为常用（现在已是必须）的输入设备，常用操作有：单击（单击左键），右击（单击右键），双击，指向，拖拽等。

1. "开始"菜单在屏幕的左下角。

2. 把鼠标指针定位到桌面（即刚启动完操作系统后的屏幕）"我的电脑"上，右击选"打开"。

（1）双击"我的电脑"窗口中 ▭ **本地磁盘 (D:)**，即打开"D：\"；

（2）单击"查看"菜单，指向"排列图标"命令，从中选择"大小"单击。

3. 在"D：\"窗口中打开"练习"文件夹（方法同打开"我的电脑"与打开"D：\"），把鼠标定位在 ▭ 练习 Microsoft Word 文档 上再拖拽到空白位置即可。

4."开始"→"程序"→"附件"→"游戏"→"纸牌"(或"扫雷"),打开窗口后敲"F1"键,利用帮助学习游戏规则(注:→表示打开菜单的顺序,以下同)。

鼠标的指针形状代表着不同功能和意义,具体如图 2-1 所示。

指针形状	意 义	指针形状	意 义
↖	标准状态	⊘	鼠标指向的对象不可用
⧗	系统忙,所有操作都无效	↖⧗	后台有程序在运行,但不影响操作
╋	精确选定对象(图片,区域)的一部分	☝	鼠标所指对象有链接,单击会转到链接目标
I	文字插入点光标	↖?	选择帮助,此时单击一个对象可获得相关帮助
✛	可以拖动对象进行移动	↑	可以进行扩展选择
↕	可以上下方向拖动边框,改变对象大小	↔	可以左右方向拖动边框,改变对象大小
↙	可沿左上、右下方向拖动顶角,调整对象大小	↘	可沿右上、左下方向拖动顶角,调整对象大小

图 2-1 鼠标指针意义

三、认识窗口及其基本操作

任务描述:

1. 打开"C:\"窗口,在其中找到标题栏,控制菜单图标,最小化按钮,最大化(或还原)按钮,关闭按钮,菜单栏,工具栏,状态栏,水平及垂直滚动条,工作区,边框。

2. 再打开"记事本"和"写字板"窗口,作移动窗口、改变窗口大小、切换窗口、排列窗口、内容的滚动和复制当前窗口的练习。

3. 关闭所有窗口。

操作提示:

窗口是 Windows XP 应用程序运行的基本框架,限定应用程序或文档都必须在该区域内运行或显示。

1. 窗口的基本组成

双击桌面上"我的电脑"图标后,在打开的窗口中双击"本地磁盘(C:)",打开"C:\"窗口,其中各项如图 2-2 所示。

通过"开始"→"程序"→"附件"→"Windows 资源管理器"也可打开"C:\"窗口。

2. 窗口的基本操作

(1)移动窗口:鼠标放在窗口"标题栏"上,按左键不放,拖拽到所需要的位置。

(2)改变窗口大小:可以用最小化和最大化按钮来控制窗口大小,也可以用鼠标指针对准窗口的边框或角部,此时鼠标指针会自动变为双向箭头,按下左键进行拖拽。

(3)切换窗口:最简单的方法是用鼠标单击任务栏上的窗口图标,也可以用鼠标单击所需要的窗口的可见部分,或者用快捷键 Alt+Esc 或 Alt+Tab 切换窗口。

(4)排列窗口:窗口排列有层叠、横向平铺和纵向平铺三种方式。用鼠标右键单击任务栏空白处,弹出快捷菜单,选择一种排列方式即可。

（5）窗口内容的滚动：将鼠标指针移到窗口滚动条的滚动块上，拖拽滚动条；或单击滚动条的空白处。

（6）复制当前窗口：按 Alt＋PrintScreen 键，可将当前窗口的内容复制到剪贴板中去，再在相应的应用程序中选择"粘贴"选项，即可完成窗口内容（为图像格式）的复制。

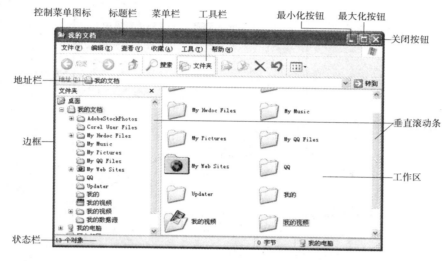

图 2－2　"资源管理器"窗口的组成

3. 关闭窗口可用以下方法

（1）单击关闭按钮；

（2）双击控制菜单图标；

（3）Ctrl＋F4；

（4）选"控制菜单"→"关闭"；

（5）选菜单"文件"→"退出"。

四、认识对话框及其基本操作

任务描述：

1. 分别打开"文件夹选项"对话框中的查看标签和"显示属性"对话框的"设置"标签，在其中找到标题栏、标签、列表框、单选框、复选框、文本框、命令按钮。

2. 在"显示属性"对话框中设置屏幕的分辨率为"800×600"，颜色质量设置成"真彩色（32 位）"；在"文件夹选项"对话框中选中"显示所有文件和文件夹"单选按钮和"隐藏已知文件类型的扩展名"复选框。

操作提示：

1. 在"资源管理器"窗口的"菜单"中单击"工具"菜单，选择"文件夹选项"选项，打开"文件夹选项"对话框，在"文件夹选项"对话框中单击"查看"标签，见图 2－3 界面。

2. 在桌面上右击选"属性"选项，打开"显示属性"对话框，在"显示属性"对话框中单击"设置"标签，见图 2－4 界面。

（1）对话框的基本组成

对话框包含以下的部分或全部：标题栏，标签（也称选项卡），列表框，下拉列表框，复选框,单选按钮,文本框,数值框,滑标,命令按钮。如图 2-3、图 2-4 所示。

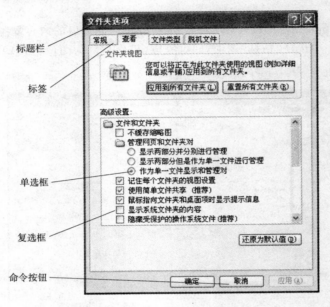

图 2-3 "文件夹选项"对话框

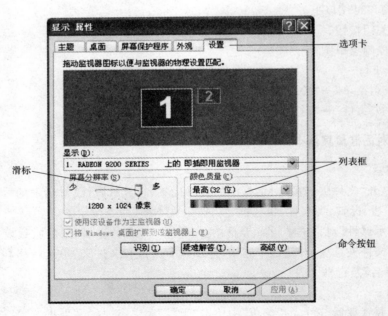

图 2-4 "显示属性"对话框

说明:对话框和窗口都是可以移动、关闭的,但对话框没有应用程序图标、菜单栏、最大化按钮和最小化按钮;窗口的大小可以调整,对话框不可。

(2)对话框的基本操作

分别使用鼠标和键盘进行以上设置,可以使用方向键、Tab 键、回车键等。

①　标题栏上有对话框的名称、关闭按钮和"?"按钮。鼠标放在标题栏拖动可移动对话框;单击关闭按钮可以关闭对话框;单击"?"按钮,鼠标变成 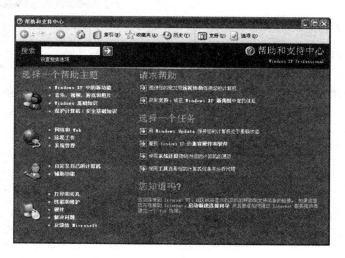 的求助形状,单击对话框的某一部分,就会出现关于该部分的提示信息。

②　选择标签:通过鼠标单击选择图 2-3 中的"查看"标签。

③　复选框的使用:复选框列出可以选择的选项,根据需要选择一个或多个选项。复选框被选中后,在框中会出现"√",再单击被选中的复选框,就会取消该复选框的选中。

④　单选按钮的使用:形状为圆形,用来在一组选项中选择一个,且只能选择一个。被选中的按钮中会出现一个黑点,再次单击,黑点消失,则取消选中。

⑤　命令按钮的使用:单击一个命令按钮可以立即执行一个命令。

五、使用系统帮助

任务描述:

1. 利用"开始"菜单中的"帮助和支持中心"学习 Windows XP"文件夹"的概念;

2. 从对话框获取"关闭"和"取消"按钮的帮助;

3. 通过"我的电脑"应用程序的"帮助"菜单获取所使用的 Windows 的版本号和用户信息。

操作提示:

1. 通过"开始"菜单中的"帮助和支持中心"命令获得帮助信息

(1)"开始"→"帮助和支持中心",屏幕上出现 Windows XP 的"帮助和支持中心"窗口,如图 2-5 所示;

(2)通过"帮助和支持中心"窗口上的"选择一个帮助主题"或"请求帮助"的相关选项,可以获得关于 Windows XP 系统的任何帮助信息。

图 2-5　"Windows XP 帮助"窗口

2. 从对话框获取帮助

Windows XP 所有对话框的标题栏上都有一个"这是什么"的"?"图标。通过单击这个图标后再去单击其他项目可以直接获得其帮助信息。

3. 通过应用程序的"帮助"菜单获取帮助信息

Windows XP 应用程序窗口一般都有"帮助"菜单,利用此菜单可以获得有关该应用程序的帮助信息(这里可先打开"我的电脑",选"帮助"→"帮助和支持中心")。

4. 在应用程序窗口中利用快捷键"F1"获取帮助信息

在 Windows XP 应用程序窗口中进行各种操作时,如需获取帮助只要按下"F1"键,就可以获得相关的帮助信息。

六、系统的退出

任务描述:

退出 Windows XP 关闭计算机。

操作提示:

在关闭或重新启动计算机之前,一定要先退出 Windows XP,否则可能会破坏一些没有保存的文件和正在运行的程序。我们可以按以下步骤安全地退出 Windows XP:

1. 首先关闭所有正在运行的应用程序(如未关闭,以后在退出 Windows XP 时会提示你)。

2. 退出 Windows XP 可用以下三种方法:

(1)"开始"→"关闭计算机",出现如图 2 - 6 所示的对话框,根据需要选定待机、关机或重新启动;

(2)按下 Ctrl＋Alt＋Delete 组合键,将出现的"Windows 任务管理器"窗口,在"Windows 任务管理器"窗口中,单击"关机"菜单,根据需要选择相应选项;

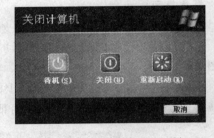

图 2 - 6　"关闭计算机"对话框

(3)退出所有 Windows XP 应用程序,按下 Alt＋F4 组合键,将出现如图 2 - 6 所示的对话框,根据需要选择。

3. 若选择"关闭"按钮就可以关闭计算机了(显示器还需要通过按下显示器电源按钮来关闭)。

实验二　管理应用程序

【实验目的】

1. 掌握应用程序的安装和卸载、"任务管理器"的使用;

2. 熟悉程序的多种方式运行、创建快捷方式的方法。

【实验内容】

1. 应用程序的安装;

2. 应用程序的卸载;

3. 程序的多种方式运行;

4. 快捷方式;

5. 使用"任务管理器"。

【实验环境】

1. 安装了 Windows XP Professional 操作系统的微型计算机一台,并已安装了 Visual FoxPro 6.0 应用程序;

2. "D:\练习\Office 2003"的文件夹下存有安装 Microsft Office 2003 的所需全部文件。

【实验步骤】

一、应用程序的安装

任 务 描 述:

将 Microsft Office 2003 按"典型安装"方式安装到你的计算机上(Microsft Office 2003 的所有安装文件已存在于"D:\练习\Office 2003"的文件夹下)。

操 作 提 示:

应用程序只有安装到计算机上,才可运行。安装应用程序常用以下方法。

1. 将 Microsft Office 2003 的安装光盘(CD-ROM)放入光驱中,会自动运行安装程序,以后按提示向导进行安装即可。安装过程中要输入用户名、单位名及序列号(序列号在光盘包装上找)。

2. 通过安装程序来安装。找到安装文件所在的文件夹本实验为"D:\练习\Office 2003",运行安装程序 Setup. exe,以后按提示向导进行安装即可。

3. 通过控制面板来安装应用程序。

(1)"开始"→"控制面板"→"添加/删除程序";

(2)在"添加/删除程序"对话框中单击"添加新程序"按钮,切换到如图 2-7 所示的"添加新程序"对话框;

(3)在"添加新程序"对话框中,单击"CD 或软盘"按钮,找到安装文件所在的文件夹"D:\练习\Office 2003",按提示向导进行安装即可。

说明:如果从 CD-ROM(光盘)或软盘添加程序,则选择"CD 或软盘"按钮,Windows 将自动搜索软盘或 CD-ROM(光盘)上的安装程序。

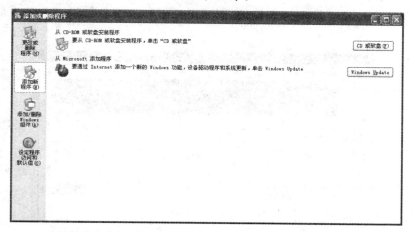

图 2-7　"添加新程序"对话框

二、程序的多种方式运行

任务描述：

使用各种方法打开 Microsoft word 2003 应用程序。

操作提示：

1. 若应用程序（或快捷方式）被放置在桌面上，可以直接双击该应用程序（或快捷方式）图标（如没有可新建快捷方式）；

2. 通过"开始"→"程序"项中选择要运行的应用程序单击；

3. 在"我的电脑"或者"资源管理器"中直接双击应用程序图标或与之相关联的文档图标；

4. "开始"→"运行"命令启动应用程序。在打开的"运行"对话框的输入框中直接输入要运行的应用程序文件名，或者通过"运行"对话框中的"浏览"按钮寻找要运行的应用程序，单击"确定"。

三、应用程序的卸载

任务描述：

通过"控制面板"来卸载 Microsoft Office 2003 应用程序。

操作提示：

1. 在图 2-7 的"添加/删除程序"窗口中，单击窗口左侧"更改或删除程序"按钮。

2. 在右侧"目前安装的程序"下拉列表框中选定一个程序，如图 2-8 所示，此时"更改或删除"按钮被激活，单击此按钮，然后按照所要删除的程序的提示执行，就可以将该程序彻底删除。

3. 如果在"添加/删除程序"窗口的右侧下拉列表框中找不到要删除的应用程序，则应检查该程序所在的文件夹，查看文件夹中是否有 Uninstall. exe 等卸载程序。如果有，可以直接双击该程序，卸载应用程序。

4. 有些应用程序在安装时在"开始"菜单中有卸载程序，我们可通过运行"开始"菜单中的卸载程序来卸载。也有一些绿色软件，只需删除安装目录和"开始"菜单中的快捷方式即可。

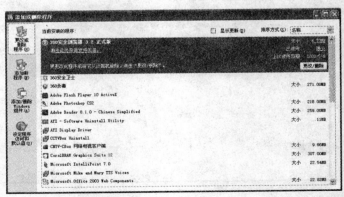

图 2-8　"添加/删除程序"对话框

四、快捷方式

任务描述:

1. 在桌面上创建应用程序的快捷方式;
2. 自定义"网上邻居"快捷方式图标。

操作提示:

1. 创建桌面快捷方式

在桌面上创建一个程序、文件或文件夹的快捷方式有两种常用的方法:

(1)在桌面空白处击右键,弹出的快捷菜单中选择"新建",在"新建"项的下级子菜单中选择"快捷方式",弹出如图 2-9 所示的"创建快捷方式"对话框,然后在该对话框的文本框中输入程序、文件或文件夹的文件名(包括存储的完整路径);若不知道存储位置,可以单击"浏览"按钮进行查找,最后单击"下一步"→"完成"按钮,此时桌面上就会出现快捷方式图标了。

(2)鼠标拖放法:按住"Ctrl+Shift"不放,然后用鼠标将程序、文件或文件夹拖拽到桌面上,先松开鼠标,再松开"Ctrl+Shift"。或者先按住 Ctrl 键,将鼠标指针移到程序、文件或文件夹上,再按住鼠标右键将程序、文件或文件夹拖拽到桌面上,松开鼠标右键,在弹出的快捷菜单中选择"在当前位置创建快捷方式"命令,就在桌面上创建快捷方式。

图 2-9　"创建快捷方式"对话框

说明:应用程序的快捷方式,还可以按住"Ctrl"键不放,从"开始"菜单中拖放得到。

2. 更改快捷方式图标

Windows XP 系统提供了快捷方式的图标,用户可自定义快捷方式图标。

(1)在创建的快捷方式图标上单击鼠标右键;

(2)在弹出的快捷菜单中选择"属性"命令,在弹出的快捷方式"属性"对话框(如图2-10所示)中选择"快捷方式"标签,再单击"更改图标"按钮;

(3)在弹出的"更改图标"对话框(如图 2-11 所示)的"当前图标"列表框中选择一种图标,然后单击"确定"按钮即可。

说明:快捷方式图标可以用这种方法更改,但普通图标不能用此方法,因为在普通图标上单击右键,再单击"属性"后,在弹出的"属性"对话框中没有"更改图标"按钮。

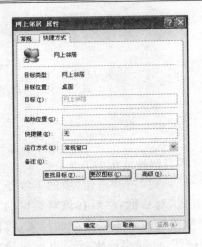

图 2-10　应用程序"快捷方式属性"对话框　　　　图 2-11　"更改图标"对话框

五、使用"任务管理器"

任务描述：

1. 打开"D:\练习"文件夹，利用"任务管理器"，关闭这个文件夹；

2. 查看系统当前状态。

操作提示：

打开"D:\练习"文件夹。

1. 打开"任务管理器"

（1）可以按"Ctrl＋Alt＋Del"组合键，屏幕上显示"任务管理器"窗口，或直接按"Ctrl＋Shift＋Esc"组合键，也可打开"任务管理器"，如图 2-12 所示。

（2）右键单击任务栏空白处，选"任务管理器"，可以直接打开 Windows 任务管理器。

2. 使用"任务管理器"

（1）"任务管理器"提供了计算机性能的有关信息，并显示计算机上所运行的程序和进程的详细信息。

（2）如果连接到网络，还可查看网络状态并迅速了解网络是如何工作的，以及是否与其他用户共享计算机，可以查看关于这些用户的信息。

图 2-12　"任务管理器"窗口

（3）使用"任务管理器"，还可以结束程序或进程、启动程序以及查看计算机性能的动态显示。

实验三　管理文件与文件夹

【实验目的】

1. 掌握文件和文件夹的创建、更名、复制、删除、选择；

2. 熟悉"资源管理器"的使用；

3. 熟练掌握文件属性和文件夹选项的设置。

【实验内容】

1. 使用"资源管理器";

2. 文件和文件夹的创建与更名;

3. 文件和文件夹的浏览与查找;

4. 文件和文件夹的选择、复制和移动;

5. 文件和文件夹的删除与恢复;

6. 文件属性和文件夹选项的设置;

7. 文件压缩和解压。

【实验环境】

1. 安装了 Windows XP Professional 操作系统的微型计算机一台,并已安装了应用程序 WinRAR;

2. 在"D:\练习"文件夹有文件"练习一.doc"。

【实验步骤】

一、使用"资源管理器"

任务描述:

1. 启动 Windows XP 的"资源管理器",显示或隐藏窗口中的工具栏,浏览指定文件夹中的内容;

2. 改变文件和文件夹的显示方式,排列文件和文件夹图标,修改其他查看选项。

操作提示:

1. 启动 Windows XP 的"资源管理器"

有如下两种方法:

(1)用菜单"开始"→"所有程序"→"附件"→"Windows 资源管理器"命令;

(2)用鼠标右键单击"开始"按钮,在弹出的快捷菜单中单击"Windows 资源管理器"。 启动"Windows 资源管理器"后,出现的窗口如图 2-13 所示。

说明:从桌面上打开"我的电脑",启动后出现的窗口,与"Windows 资源管理器"类似。

图 2-13　"Windows 资源管理器"窗口

2."Windows 资源管理器"窗口组成

（1）"Windows 资源管理器"窗口上部是标题栏、菜单栏、工具栏和地址栏。

（2）中间为左右两个区域，左窗格和右窗格。左窗格中有一棵树状结构的文件夹树，显示计算机中的所有资源及组织结构，最上方是"桌面"图标。右窗格中显示的是左窗格中选定的对象所包含的内容。左窗格和右窗格之间是一个分隔条，用鼠标拖拽分隔条可以改变左、右窗格的大小。

（3）最底部是状态栏。

3. 显示或隐藏工具栏

（1）"查看"→"工具栏"，弹出如图 2-14 所示的下级子菜单。

（2）子菜单中通常有"标准按钮"、"地址栏"、"链接"等选项，若将相应选项前的"√"去掉，则该选项的工具栏将被隐藏，若再次用鼠标单击该选项，该选项前又会出现"√"，则该选项的工具栏又将显示。

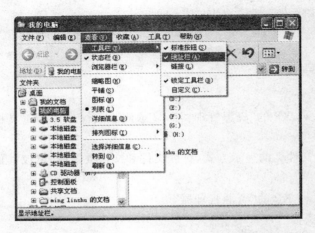

图 2-14　"Windows 资源管理器"窗口的查看菜单

4. 浏览文件夹中的内容

用户在左窗格中选定一个文件夹时，右窗格中就会显示该文件夹包含的所有文件和子文件夹。如果一个文件夹包含下级子文件夹，则在左窗格中该文件夹的左边就会有方框，其中包含一个加号"＋"或减号"－"。

（1）单击"＋"的方框时，就展开该文件夹，且"＋"变成了"－"号，若再次单击带"－"号的方框，则文件夹被折叠，变成了"＋"，也可用鼠标双击的方法来展开文件夹。

（2）左窗格选定 C:盘驱动器，在右窗格中显示的是该磁盘驱动器中包含的文件或文件夹，如果包含子文件夹，可以用鼠标双击该文件夹的图标或文件夹名，将这个文件夹打开，进一步查看其中的内容。

5. 改变文件和文件夹的显示方式

在"Windows 资源管理器"的右窗格中，显示方式有："大图标"、"小图标"、"列表"、"详细资料"和"缩略图"。

（1）单击"查看"菜单，在弹出的下拉菜单中选择相应的显示方式即可，在选中的显示方式前会出现一个圆点"●"。

（2）可以通过标准工具栏中的"查看"按钮来实现。

6. 排列文件和文件夹图标

用户可以根据文件和文件夹的名称、类型、大小或修改日期对右窗格中的文件和文件夹进行排序，具体的操作方法如下：

（1）"查看"→"排列图标"，单击其下级子菜单中的"按名称"、"按类型"、"按大小"、"按日期"命令中的一种，则右窗格的文件和文件夹就会按选中的排列方式进行排序。

（2）如果在"查看"菜单下"排列图标"子菜单中选定了"自动排列"命令，则移动图标后，系统自动以行、列对齐方式逐行逐列连续地显示图标。

（3）当以"详细资料"方式显示文件和文件夹时，可以直接单击右窗格中某一列的名称，就可以根据这一列的类型进行排序。

7. 修改其他"查看"选项

用菜单"工具"→"文件夹选项"命令，设置文件和文件夹的其他"查看"方式，如图 2-15 所示。

例如，是否显示所有的文件和文件夹；是隐藏还是显示已知文件类型的扩展名；是否在标题栏显示完整路径；在同一个窗口打开一个文件夹还是在不同的窗口中打开文件夹等等。

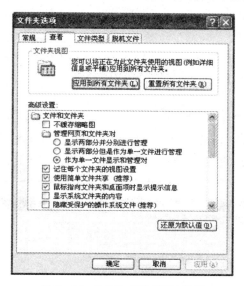

图 2-15　"文件夹选项"对话框

二、文件和文件夹的创建与更名

任务描述：

1. 在 D:\盘下创建文件夹"我的文件夹"，并在其中新建文件"Test. txt"（内容为空）；

2. 把"我的文件夹"更名为"我的文档"。

操作提示：

1. 文件和文件夹的创建

（1）选定创建新文件夹和文件的位置 D:\；

（2）打开 D:\，用菜单"文件"→"新建"→"文件夹"命令，出现带临时名称"新建文件夹"的文件夹，键入新文件夹的名称"我的文件夹"，按 Enter 键；

（3）双击"我的文件夹"打开"我的文件夹"，在其中用类似方法新建文件，用菜单"文件"→"新建"→"文本文档"命令，并命名为"Test"（不需要输入扩展名".txt"）。

说明：可以右击文件夹中的空白处，在弹出的快捷菜单中选择"新建"→"文件夹"（或相应文件类型）命令。

2. 文件和文件夹的更名

（1）选定要更改名称的文件夹"D:\我的文件夹"；

（2）用菜单"文件"→"重命名"命令，或者在"我的文件夹"上单击鼠标右键，在弹出的快捷菜单中选择"重命名"命令，再键入新的名称"我的文档"，按 Enter 键即可；

（3）也可两次单击（注意不是双击，中间有停顿）"我的文件夹"图标下的文件夹名，再键入新的名称"我的文档"，按 Enter 键确认或单击其他位置。

三、文件和文件夹的浏览与查找

任务描述：

打开"搜索"程序，查找 C:\下所有 word 文档。

操作提示：

1. 文件和文件夹的浏览

详见 1. 中的文件夹内容的浏览

2. 文件和文件夹的查找

（1）打开"搜索"程序

用菜单"开始"→命令，打开"搜索结果"窗口，在"搜索助理"窗格中选"所有文件或文件夹"项，也可以在"资源管理器"或"我的电脑"窗口中选择"工具栏"中的"搜索"命令，或者直接用鼠标右击桌面上的"我的电脑"图标，在弹出快捷菜单中单击"搜索"命令都可以启动"搜索"程序，如图 2-16 所示。

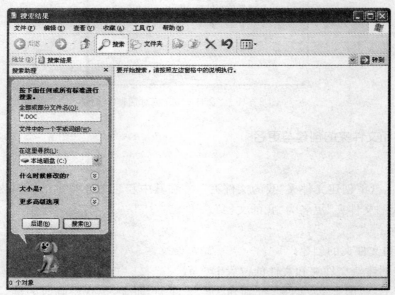

图 2-16　"搜索"窗口

（2）设置文件查找条件

在"搜索"窗口的左窗格中，用户可以设置以下查找条件：

① "文件或文件夹名"文本框：例如："＊.doc"、"文档?.txt"、"我的文档"等。如果要指定多个文件名，则可以使用分号、逗号或空格作为分隔符，例如："＊.doc,＊.txt,＊.xls"等；

② "搜索范围"下拉列表框：指定文件查找的位置；

③ "包含文字"文本框：输入文件包含的文字，缩小搜索范围。

（3）执行文件查找

设置了查找条件后，单击"立即搜索"按钮，Windows 就会立即执行搜索操作。搜索结束后，在"搜索结果"右窗格就会显示查找的结果。如图 2-16 所示。

说明：搜索结束后，可以直接在"搜索结果"窗口处理搜索到的文件或文件夹。

四、文件和文件夹的选择、复制和移动

任 务 描 述：

1. 打开 C:\盘，对其中的文件和文件夹进行单个选定、多个连续选定和多个不连续选定的练习；

2. 复制"D:\我的文档"文件夹到"D:\练习"下，再将"D:\练习\我的文档"移动到"D:\我的文档"下。

操 作 提 示：

1. 文件和文件夹的选择

（1）选定单个对象

用鼠标指针单击所要选定的对象即可。

（2）选定多个连续的对象

方法一：用鼠标单击第一个（或最后一个）对象，然后按住 Shift 键不放，再单击最后一个（或第一个）对象。

方法二：用键盘上的向上或向下的方向键将光条移动到第一个（或最后一个）对象上，然后按住 Shift 键不放，再移动光条到最后一个（或第一个）对象上。

（3）选定多个不连续的对象

用鼠标指针单击所要选定的其中一个对象，然后按住 Ctrl 键不放，再单击其他所要选定的对象。

说明：在文件夹中的空白处按下鼠标拖动框住若干个对象试一试，再按下 Ctrl 键，用同样的方法框住另外几个对象试一试。这样选定文件和文件夹是不是更方便！

2. 复制文件或文件夹

（1）选定要复制的文件夹"D:\我的文档"，用菜单"编辑"→"复制"命令，或者单击工具栏上"复制"按钮，或者按 Ctrl+C 组合键，再打开目标文件夹"D:\练习"，用菜单"编辑"→"粘贴"命令，或者单击工具上的"粘贴"按钮，或者按 Ctrl+V 组合键即可。

（2）按住 Ctrl 键不放，用鼠标将选定的文件或文件夹拖拽到目标盘或目标文件夹中即可。若在不同的驱动器之间进行复制，只要用鼠标将选定的文件或文件夹拖拽到目标盘或目标文件夹中即可，而不必按住 Ctrl 键。

3. 移动文件或文件夹

（1）选定要移动的文件夹"D:\练习\我的文档"，用菜单"编辑"→"剪切"命令，或者单击工具栏上"剪切"按钮，或者按 Ctrl＋X 组合键，再打开目标盘文件夹"D:\我的文档"，用菜单"编辑"→"粘贴"命令，或者单击工具上的"粘贴"命令，或者按 Ctrl＋V 组合键即可。

（2）按住 Shift 键不放，用鼠标将选定的文件或文件夹拖拽到目标盘或目标文件夹中即可。若在同一驱动器中进行移动，只要用鼠标将选定的文件或文件夹拖拽到目标盘或目标文件中即可，而不必使用 Shift 键。

五、文件和文件夹的删除与恢复

任务描述：

删除"D:\我的文档\Test.txt"文件，再做恢复操作。

操作提示：

1. 文件和文件夹的删除

（1）先选定要删除的文件 D:\我的文档\Test.txt，用菜单"文件"→"删除"命令，这时会弹出如图 2-17 的对话框，询问是否要将选定的文件删除并将所有内容放入回收站。若选"是"，则将选定的文件或文件夹删除，并将所有内容放入回收站中，若选"否"，则不删除。

（2）选定要删除的文件或文件夹，按键盘上的"Delete"键。

（3）用鼠标直接将要删除的文件或文件夹拖拽到"回收站"中。

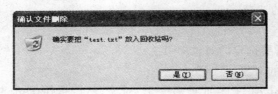

图 2-17　删除文件或文件夹"确认"对话框

说明：如果在删除文件或文件夹时按住 Shift 键，则文件或文件夹将从计算机中彻底（真正）删除，而不保存到"回收站"中，以后就不可恢复了。

2. 删除文件和文件夹的恢复

（1）如果想恢复刚刚删除的文件或文件夹（窗口未关闭过），可以用菜单"编辑"→"撤消删除"命令；

（2）打开"回收站"，选定已删除的文件"Test.txt"，用菜单"文件"→"还原"命令；

（3）打开"回收站"，在"Test.txt"上单击右键，选快捷菜单"还原"。

六、文件属性和文件夹选项的设置

任务描述：

1. 把"D:\练习\练习一.doc"文件设置成"只读"、"隐藏"和"存档"三种属性；

2. 设置"文件夹选项"为"不显示隐藏文件"或"显示文件的扩展名"。

操作提示：

1. 文件属性的设置

（1）打开"D:\练习"文件夹，选中文件"练习一.doc"，用菜单"文件"→"属性"命令，或在

文件上单击右键选择"属性",弹出如图 2 - 18 所示的对话框;

(2)其中对文件的"属性"设置有"只读"、"隐藏"和"存档"三种。勾选相应复选框即可。

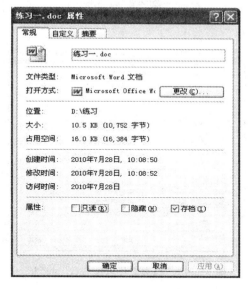

图 2 - 18　"文件属性"对话框

2. 文件夹选项的设置

详见本实验 1. 中的修改其他"查看"选项。

七、文件压缩和解压

任务描述:

将"D:\练习"文件夹压缩成"练习.rar",并放在原位置,再对其进行解压,释放到"D:\练习"下。

操作提示:

这里介绍使用 winRAR 对文件进行压缩和解压。

1. 文件压缩

(1)打开 WinRAR 的程序窗口,如图 2 - 19 所示;

图 2 - 19　"WinRAR 应用程序"窗口

(2)在地址栏的下拉菜单中选择"D:\练习",在下方的显示区域显示出文件夹和文件夹

中的文件,进行全选;

(3)"命令"→"添加文件到档案文件"或单击工具栏上的"添加"命令按钮,弹出"档案文件名和参数"对话框,设置名字和参数如图 2-20 所示,单击"确定"按钮后生成压缩文件"练习.rar"。

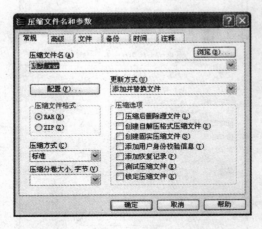

图 2-20　"档案文件名和参数"对话框

2. 文件解压

(1)在如图 2-19 所示的窗口中用菜单"文件"→"打开档案文件"命令(或单击工具栏"添加"按钮),打开"搜索档案文件"对话框,找到"练习.rar"文件单击"打开"按钮;

(2)用菜单"命令"→"释放到指定文件夹"命令(或单击工具栏"释放到"按钮),弹出如图 2-21 所示的"释放路径和选项"对话框,并作如图 2-21 的设置;

(3)确定后就可释放被压缩的文件到目标的位置。

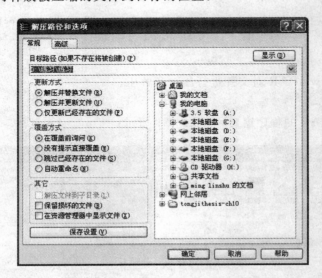

图 2-21　"释放路径和选项"对话框。

说明:在"资源管理器"中找到"练习.rar"文件,在其上单击右键,选"解压文件…",同样打开"释放路径和选项"对话框。

实 验 四　系 统 设 置

【实验目的】

1. 掌握显示器的色彩和分辨率、显示器的刷新率以及系统日期和时间的设置；
2. 熟悉打印机的安装；
3. 熟练掌握桌面图案与屏幕保护程序的设置。

【实验内容】

1. 设置桌面图案与屏幕保护程序；
2. 调整显示器的色彩和分辨率；
3. 设置显示器的刷新率；
4. 打印机的安装；
5. 设置系统日期和时间。

【实验环境】

安装了 Windows XP Professional 操作系统的微型计算机一台。

【实验步骤】

一、设置桌面图案与屏幕保护程序

任务描述：

设置桌面图案为"Autumn"，设置屏幕保护程序"三维文字"，内容为"保护环境"。

操作提示：

1. 设置桌面图案

（1）在桌面的空白处单击右键，选快捷菜单中"属性"命令，或者用菜单"开始"→"设置"→"控制面板"命令，在打开的"控制面板"窗口中双击"显示"图标，弹出如图 2-22 所示的对话框；

图 2-22　"显示属性"对话框

（2）在"显示属性"对话框中选择"桌面"标签,在"背景"下拉列表框中选择"Autumn"作为墙纸,显示方式选择"拉伸";

（3）也可以通过"浏览"命令按钮选择文件中的图片作为墙纸;

（4）最后单击"确定"按钮。

2. 设置屏幕保护程序

（1）在"显示属性"对话框中选择"屏幕保护程序"标签,如图 2-23 所示;

图 2-23 "显示属性"对话框

（2）在"屏幕保护程序"列表框中选择"三维文字",设置"等待时间"为 15 分钟;

（3）单击"设置"按钮,作如图 2-24 所示设置,单击"确定"返回,就可通过单击"预览"按钮查看效果。

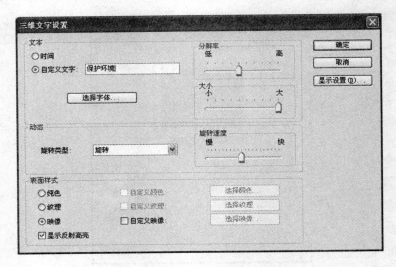

图 2-24 "三维文字设置"对话框

二、调整显示器的色彩和分辨率

任务描述：

接 1. 完成下列任务：

1. 把屏幕的色彩设成 32 色（32 位）；

2. 屏幕分辨率设成 1024×768。

操作提示：

1. 在"显示属性"对话框中选择"设置"标签，如图 2-25 所示；

2. 在"颜色"下拉列表框中选择"最高（32 位）"；

3. 在"设置"选项中，用鼠标拖动"屏幕区域"标签上的滑块可以改变显示器的分辨率。选择"1024×768 像素"。

三、设置显示器的刷新率

任务描述：

接 2. 把监视器的刷新率设置成 75 赫兹。

操作提示：

1. 在"显示属性"对话框中选择"设置"标签，单击"高级"按钮，在弹出的对话框中选择"监视器"标签，如图 2-26 所示；

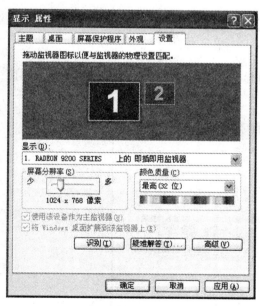

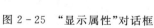

图 2-25　"显示属性"对话框

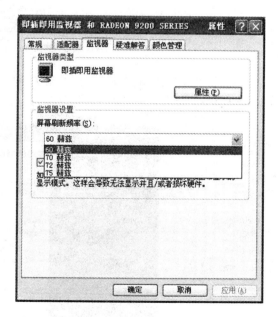

图 2-26　"显卡与显示器属性"对话框

2. 在"屏幕刷新率"下拉列表框中选择"75 赫兹"。

说明：在更改屏幕刷新率时，屏幕会出现黑屏现象，这是正常的。但要选择刷新频率下的复选框，并注意阅读下面的说明。

四、打印机的安装

任务描述：

安装一台本地打印机"Epson LQ-1600KⅢ"。

操作提示：

1. 用菜单"开始"→"设置"→"控制面板"命令，打开"控制面板"窗口；

2. 双击"控制面板"窗口中的"打印机"图标，或者"开始"→"设置"→"打印机"，弹出"打印机"窗口，如图 2-27 所示；

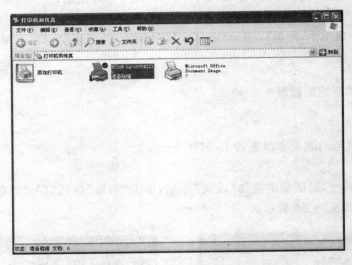

图 2-27　"打印机"管理窗口

3. 在"打印机"窗口中双击"添加打印机"图标，弹出"添加打印机向导"对话框，如图 2-28 所示；

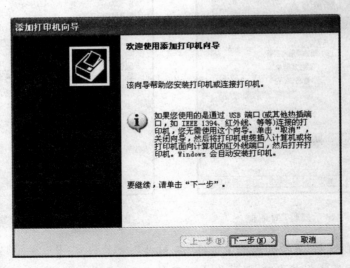

图 2-28　"添加打印机"向导

4. 单击"下一步"按钮,在弹出的对话框中选择"本地打印机"(连在自己机子上的打印机);

5. 单击"下一步"按钮,在弹出的对话框中,选择所要安装的打印机的生产厂商(Epson)和打印机型号(LQ－1600KⅢ),选择后单击"下一步"按钮;

6. 安装向导提示用户选择打印机所用的端口,选择 LPT1(并口),再单击"下一步"按钮;

7. 将此打印机设置为默认打印机,设置好后单击"下一步"按钮;

8. 安装向导提示用户是否打印一份测试页(这里实际上未安装打印机,请选"否"),以便确认打印机设置是否正确,选择好后单击"完成"按钮,安装向导开始安装相应驱动程序,安装完后在"打印机"窗口中会出现一个该打印机图标,用户就可使用该打印机了。

五、设置系统日期和时间

任务描述:

把系统日期设置为"2008－08－08",时间设置为"08:08:08"。

操作提示:

1. 用菜单"开始"→"设置"→"控制面板"命令,在"控制面板"窗口中双击"日期/时间",或者双击任务栏提示区中的"日期/时间"指示器,都将出现如图 2－29 所示的"日期/时间属性"对话框。

2. 在"日期/时间属性"对话框中,选择"时间和日期"标签,在该对话框的左侧是日期分组框,在此框中可以设置系统当前的日期。在该对话框的右侧是时间分组框,在此框中可以设置系统当前的时间。

3. 若要更改时区,只要单击"日期/时间属性"对话框中的"时区"标签,在下拉列表框中选择适当的时区即可。

图 2-29　日期/时间属性

实验五　使用附件

【实验目的】

1. 掌握"写字板"、"记事本"及"画图"的使用；

2. 熟悉"计算器"的使用。

【实验内容】

1. 使用"写字板"和"记事本"；

2. 使用"画图"画一幅画；

3. 使用"计算器"；

4. 播放一段视频。

【实验环境】

1. 安装了 Windows XP Professional 操作系统的微型计算机一台；

2. 在"D:\"盘建有文件夹"练习"。

【实验步骤】

一、使用"写字板"和"记事本"

任务描述：

打开"写字板"和"记事本"，输入以下内容，并进行格式设置。

选中文本内容：将光标移到要选中的内容开始处，按住并拖动鼠标左键到要选的内容的结尾处，松开鼠标左键即可。

删除文本内容：先将要删除的内容选中，然后按 Del 键或者 Backspace 键。

移动文本内容：先将要移动的内容选中，然后将光标移到选的内容上按住鼠标左键不放，拖动到目标位置后释放。或者单击"编辑"菜单中的"剪切"命令或工具栏上的"剪切"命令按钮，然后将光标移动到要移动的位置，再单击"编辑"菜单中的"粘贴"命令或工具栏上的"粘贴"命令按钮。

复制文本内容：先将要移动的内容选中，然后将光标移到选的内容上按住 Ctrl 键和鼠标左键不放，拖动到目标位置后，先释放鼠标左键，再释放 Ctrl 键。或者单击"编辑"菜单中的"复制"命令或工具栏上的"复制"命令按钮，然后将光标移动到要移动的位置，再单击"编辑"菜单中的"粘贴"命令或工具栏上的"粘贴"命令按钮。

查找并替换文本内容：使用"编辑"菜单中的"查找"命令和"替换"命令可以在文档中快速查找到相应的文本内容，还可以对查找到的文本内容进行替换。

操作提示：

1. 使用写字板

(1)用菜单"开始"→"程序"→"附件"→"写字板"命令，打开"写字板"应用程序窗口，如图 2－30 所示。

(2)"写字板"窗口主要由标题栏、菜单栏、工具栏、格式栏、标尺、工作区和状态栏组成。

在格式栏中作如下选择：

字体列表框：宋体；字体大小列表框：16；字体脚本列表框：选择"CHINESE_GB2312"；

粗体(B)、斜体(I)、下划线(U)按钮全部选中;颜色按钮:用于显示颜色表,选择紫色;对齐方式:选择左对齐;项目符号按钮:设置选定的文本或段落的项目符号类型,与"格式"菜单中的"项目符号类型"命令等效。

图 2-30 "写字板"窗口

图 2-31 "记事本"窗口

(3)标尺位于格式栏的下方、工作区的上方,拖动滑块将首行缩进设为 3cm,左缩进设为 1cm,右缩进设为 15cm。

(4)打开输入法,选择你熟悉的输入法输入上列内容即可。

2. 使用记事本

用菜单"开始"→"程序"→"附件"→"记事本"命令,如图 2-31"记事本"应用程序窗口,记事本可以打开扩展名为".TXT"的文本文件。在"记事本"应用程序窗口中只能保留一个打开的文件,若要打开另一个文件,程序会提示用户是否对前一个文件(曾修改过的)进行保存。"记事本"只能设置简单的字体格式和自动换行。

二、使用"画图"画一幅画

任务描述:

1. 使用画图程序,画出"五角星",结果如图 2-32 所示;

2. 将 Windows"计算器"的科学型窗口保存为"计算器.bmp"文件放到"D:\练习"。

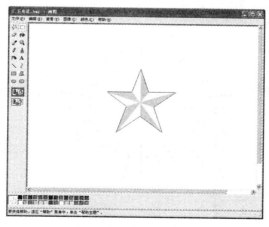

图 2-32 "画图"窗口

操作提示:

1. 画图

(1)"开始"→"程序"→"附件"→"画图",打开"画图"窗口;

(2)选择\\"直线"工具,颜色为深黄,选细实线,画出五角星外轮廓;

(3)选择\\"直线"工具,颜色为深黄,选细实线,连各顶点得分界线;

(4)选择🖌"用颜色填充"工具,分别用深黄、黄色填充;

(5)选择\\"直线"工具,颜色为黄色,选较粗实线画外面的所有直线。

2. 屏幕截图

(1)用菜单"开始"→"程序"→"附件"→"计算器"命令,打开"计算器"窗口;

(2)用菜单"查看"→"科学型"命令,打开科学型"计算器"窗口;

(3)按住 Alt 键,同时敲"Print Screen"键,将当前窗口科学型"计算器"保存到剪贴板,如要截取全屏幕只敲"Print Screen"键即可;

(4)回到"画图"窗口,用菜单"编辑"→"粘贴"命令,或用 Ctrl＋V 键,将剪贴板内容复制到"画图"窗口;

(5)用菜单"文件"→"保存"命令,在"保存"对话框中输入文件名,单击"确定"按钮保存文件。

三、使用"计算器"

任务描述:

1. 使用计算器计算表达式"52×10－10÷2"的值;

2. 将十进制数 397 转换为二进制数,再二进制数 1011010100010 转换为十六进制数。

操作提示:

1. 计算

(1)用菜单"开始"→"程序"→"附件"→"计算器"命令,打开"计算器"窗口,如图 2－33(1)所示;

(2)依次单击 52 * 10＝M＋C10/2＋/－M＋MR 可计算出表达式"52×10－10÷2"的值为 515(或使用键盘输入);

(3)自由练习其他按钮的作用。

2. 转换

(1)"查看"→"科学型",打开"科学型"窗口,如图 2－33(2)所示;

图 2－33(1) "计算器"窗口

图 2－33(2) "计算器"窗口

（2）选"十进制"单选框，输入"397"，再单击"二进制"单选框，即显示转换后的二进制数"110001101"；

（3）选"二进制"单选框输入"1011010100010"，再单击"十六进制"单选框，即显示转换后的十六进制数"16A2"；

（4）自由练习其他按钮的作用。

四、播放一段视频

任务描述：

使用"Windows Media Player"播放视频文件。

操作提示：

1. 用菜单"开始"→"程序"→"附件"→"娱乐"→"Windows Media Player"命令，如图2-34所示；

2. 用菜单"文件"→"打开"命令，选择视频文件就可以播放视频文件，或直接将视频文件拖到"Windows Media Player"窗口上。

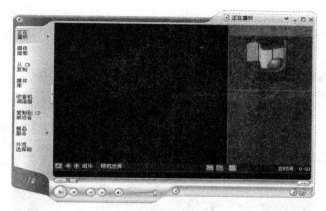

图 2-34　"Windows Media Player"窗口

* 实验六　系统的安装与维护

【实验目的】

1. 掌握系统的安装方法与步骤；

2. 熟悉磁盘分区与格式化；

3. 熟练掌握"磁盘清理"、"磁盘碎片整理"程序及备份和还原。

【实验内容】

1. 磁盘分区与格式化；

2. Windows XP 系统的安装；

3. 使用"磁盘清理"程序；

4. 使用"磁盘碎片整理程序"；

5. 考察系统信息；

6. 备份与还原。

【实验环境】

1. 安装了 Windows XP Professional 操作系统的微型计算机一台,并已安装 Visual PC 4.0 应用程序;

2. 在"D:\练习\Win2000 Pro"文件夹下存有安装 Windows XP Professional 所需的全部文件;

3. 在 D:盘建有"D:\我的文档"文件夹;

4. 在"D:\我的文档"文件夹下有模拟分区软件"fd.exe"。

【实验步骤】

一、磁盘分区与格式化

任务描述:

把 40G 硬盘分为 C、D、E 三个逻辑盘,大小分别为 10G、15G、15G,并对第三个逻辑盘进行格式化。

操作提示:

说明:磁盘分区和格式化都会破坏原有数据,操作要特别慎重。为此可使用模拟分区的小软件 fd.exe 进行练习。

1. 磁盘分区

(1)在启动盘的根目录下运行 fdisk.exe 文件,如图 2-35 所示;

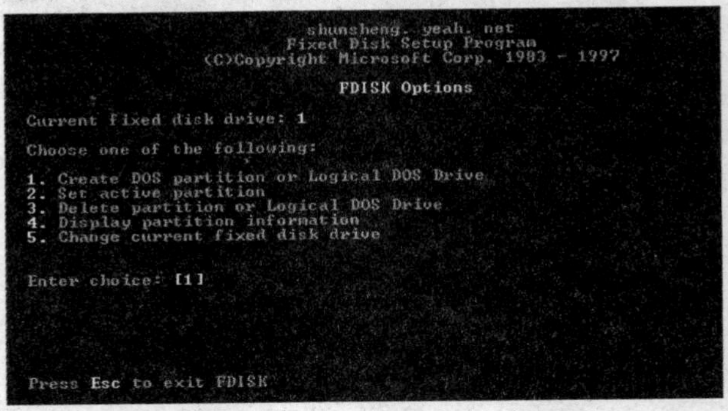

图 2-35　"Fdisk"磁盘分区主界面

(2)选择"1"建立分区(如果原来有分区要先删除),如图 2-36 所示;

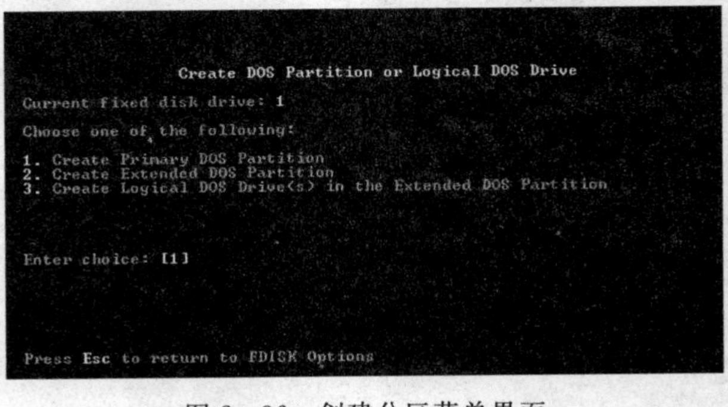

图 2-36　创建分区菜单界面

（3）选择"1"建立主 DOS 分区，大小为 10G 或输入 25%；

（4）和建立主分区一样选择图 2-36 中的"2"，建立扩展 DOS 分区，大小为 30G 或 75%；

（5）在扩展分区中分别建立 D、E 两个逻辑分区，大小分别占扩展 DOS 分区的 50%；

（6）在图 2-35 中选择"2"设置 C 盘为活动分区。

2. 磁盘格式化

将上面建立好的分区进行格式化

（1）运行 format.exe 文件；

（2）在命令提示符下输入"format c:"；

（3）用同样的方法格式化 D 和 E 盘。

3. 做分区的其他操作练习

二、Windows XP 系统的安装

任务描述：

安装 Windows XP Professional 操作系统。

操作提示：

根据计算机系统的不同，可以裸机安装或在 DOS 的基础上安装，也可直接从 Windows 98 升级安装（本实验可以利用 Visual PC 来安装）。

1. 将 Windows XP 的安装光盘放入 CD-ROM 驱动器中。

2. 打开光盘，运行根目录下的 SETUP.EXE，进入 Windows XP 安装向导，开始安装 Windows XP。如果机器支持光盘启动，则放入 Windows XP 的安装盘，系统会自动运行安装向导。

3. 按照安装向导的提示操作，通常按照默认选择"下一步"按钮，并进行几个简单的选择，就可完成整个安装过程。

三、使用"磁盘清理"程序

任务描述：

清除 D:盘中无用文件和临时文件释放空间。

操作提示：

1. "开始"→"程序"→"附件"→"系统工具"→"磁盘清理"；

2. 选择 D:盘，单击"确定"按钮，进入磁盘清理对话框，如图 2-37 所示；

3. 选择要删除的文件（勾选复选框），单击"确定"按钮，按提示操作即可。

四、使用"磁盘碎片整理程序"

任务描述：

整理 C:盘，提高系统性能，增加磁盘使用寿命。

操作提示：

1. 用菜单"开始"→"程序"→"附件"→"系统工具"→"磁盘碎片整理程序"命令；

2. 进入"磁盘碎片整理程序"窗口，如图 2-38 所示；

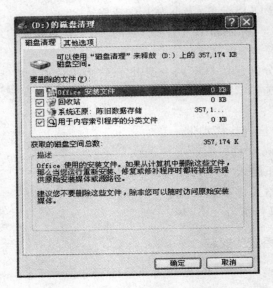

图 2-37 "磁盘清理"对话框

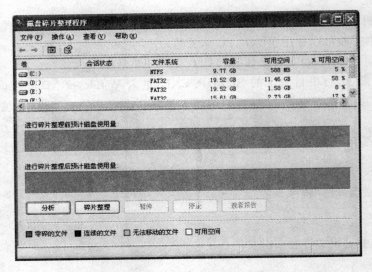

图 2-38 "磁盘碎片整理程序"窗口

3. 选择 C:盘,用菜单"操作"→"碎片整理"命令(或单击"碎片整理"按钮);

4. 系统进行碎片整理,需要较长时间,时间视磁盘碎片多少和磁盘大小而定。

五、考察系统信息

任务描述:

查看计算机系统的内存大小、CPU 型号、BIOS 的版本和用户等信息。

操作提示:

1."开始"→"程序"→"附件"→"系统工具"→"系统信息",进入"系统信息"窗口,如图

2-39所示;

2. 在左窗格的树形结构图中选择要查看的项目,右窗格显示项目的内容。

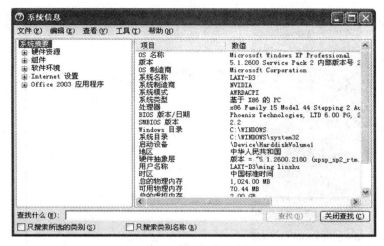

图 2-39 "系统信息"窗口

六、备份与还原

任务描述:

将"C:\我的文档"备份到"D:\backup.bkf"文件中,再将文件"backup.bkf"还原到原位置。

操作提示:

1. 备份

(1)用菜单"开始"→"程序"→"附件"→"系统工具"→"备份"命令,进入"备份"对话框,如图 2-40 所示;

(2)单击"备份向导"按钮,弹出"备份向导"对话框;

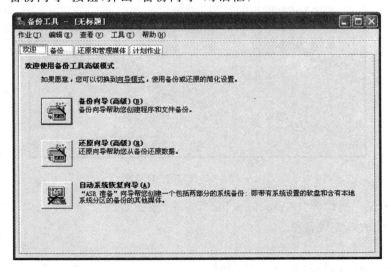

图 2-40 "备份"对话框

(3)单击"下一步"按钮,如图 2-41 所示;

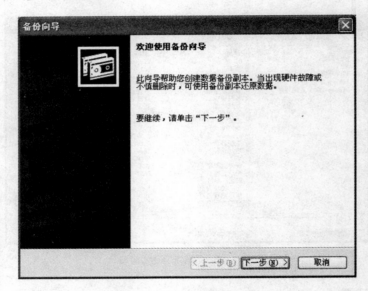

图 2-41 "备份向导"对话框

(4)选择"备份选定的文件、驱动器或网络数据",单击"下一步";

(5)选择备份项目"C:\我的文档",单击"下一步",如图 2-42 所示;

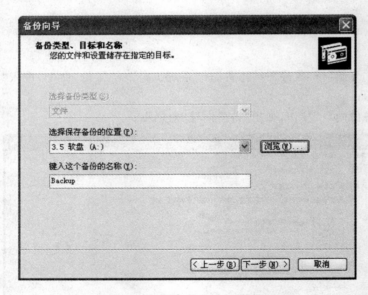

图 2-42 "备份向导"对话框

(6)选备份保存的位置"D:\backup.bkf",单击"下一步";

(7)单击"完成",完成备份。

2. 还原

(1)进入"备份"对话框,选择"还原"标签;

(2)选择要还原的项目:d:\backup.bkf;

（3）选择将文件还原到原位置，如图 2－43 所示；

（4）单击"开始还原"按钮，完成还原。

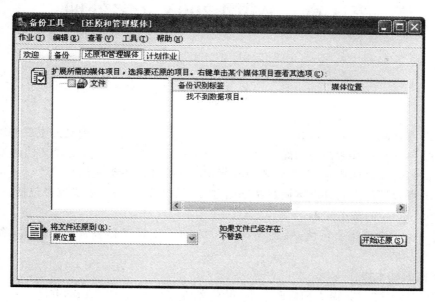

图 2－43　"备份"对话框

以后各章在 Windows 精典桌面下运行。

第 3 章　　Word 2003 文字处理

要点精讲

文字处理软件 Word 2003 作为微软公司 Office 2003 系列软件中最为主要的组件之一，其在文字处理方面具有强大的功能：利用它用户可以编辑文档，可以设置文档的各种格式；利用其丰富的图像处理功能、表格处理功能制作图文并茂的各类文档。

通过本章的学习我们可以掌握在文字处理方面的具体方法。主要内容包括：

1. Word 2003 的基本知识

了解 Word 2003 主要特色，熟悉 Word 2003 的工作界面和多种视图方式，熟悉 Word 2003 的主要功能。

2. 文档的基本操作

熟练掌握新建文档、输入和修改文字、保存文档、打开和关闭文档的方法。

3. 文档的编辑

熟练掌握选定文本、删除文本、插入文本、移动文本和复制文本的方法。

编辑过程中的失误是在所难免的，所以掌握撤消与恢复、查找和替换、自动更正、拼写检查和文档显示的功能和方法就非常重要了。

4. 文档的排版

文档的排版是文字处理中最重要内容，我们必须很好掌握，包括字符格式设置、段落格式设置、项目符号和编号的自动生成和统一、（文字、段落和文档）边框和底纹的添加和修改、分栏设置、首字下沉设置、使用格式刷复制文字与段落格式以及使用制表位编辑特殊的文本格式。

5. 图文混排

利用图文混排功能可以使我们编辑的文档更加美观，所以必须掌握如何插入图片、设置图片格式；插入与编辑艺术字；绘制与编辑图形；制作水印、添加和编辑文本框及其内容；使用公式编辑器编辑公式的方法和技巧。

6. 表格的操作

Word 2003 对表格的支持是比较完美的，而在文档中包含表格也是非常普遍的，这就要求我们能在文档中建立表格并对其进行编辑、美化表格，表格中的数据我们有时还要对其进行统计、运算等处理。

7. 页面排版与打印

为文档添加页眉和页脚不仅是为了美观，也是为浏览的方便。电子版的文档在很多情况下是要通过纸介质来输出的，在打印前还要进行页面排版。文档在打印时所用到打印机是有差距的，因此在打印前还要对文档及打印机进行设置。

实验一　　Word 2003 基本操作

【实验目的】

1. 掌握 Word 2003 的启动与退出的方法；

2. 熟悉 Word 2003 的编辑环境；

3. 熟练掌握文档的创建和保存的方法与步骤。

【实验内容】

1. 启动 Word 程序；

2. 认识 Word 工作窗口组成；

3. 创建新文档；

4. 在新文档中输入文字；

5. 保存文档；

6. 退出 Word 程序。

【实验环境】

1. 安装了 Windows 2000 Professional(或 server)操作系统的计算机一台，并已安装了 Microsoft Office 2003 应用程序；

2. 在"D:\"盘建有文件夹"练习"。

【实验步骤】

一、启动 Word 程序

任务描述：

运行 Microsoft Word 2003 程序。

操作提示：

启动 Word 有如下方法：

1. 用菜单"开始"→"程序"→"Microsoft Office"→"Microsoft Word 2003"命令。

2. 利用桌面快捷方式(如没有请创建)。

3. 利用 Word 文档。在打开 Word 文档时，系统会先启动 Word 再打开文档，从而使 Word 文档处于编辑状态。

4. 利用"我的电脑"或"资源管理器"打开"C:\Program Files\Microsoft Office\OFFICE11"文件夹，再运行"WINWORD. EXE"应用程序。

二、认识 Word 工作窗口组成

任务描述：

1. 在打开的文档中找到标题栏、菜单栏、常用工具栏、格式工具栏、文档窗口、状态栏、水平标尺和垂直标尺；

2. 打开"任务窗格"再关闭；

3. 移动"绘图"工具栏到"文档窗口"再还原；

4. 为"常用"工具栏添加"关闭"按钮；

　　5. 熟悉"常用"工具栏和"格式"工具栏的各个命令按钮。

操作提示：

1. Word 窗口组成如图 3-1 所示

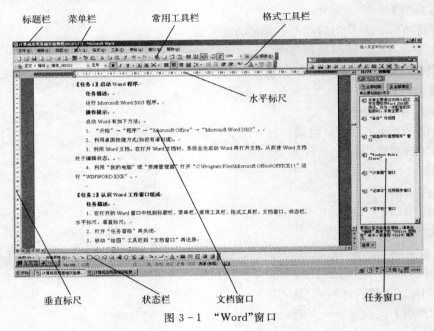

图 3-1　"Word"窗口

　　2. 打开"任务窗格"有如下三种方法

　　(1)菜单"视图"→"任务窗格"；

　　(2)右击菜单栏或任一个工具栏，在弹出的快捷菜单中选"任务窗格"；

　　(3)打开某些命令时，会自动打开"任务窗格"。如使用"帮助"、"Office 剪贴板"和使用"插入"→"图片"→"剪贴画"，等等。

　　关闭有如下三种方法

　　(1)菜单"视图"→"任务窗格"(前面有☑标记)；

　　(2)右击菜单栏或任一个工具栏，在弹出的快捷菜单中选"任务窗格"(前面有☑标记)；

　　(3)单击"任务窗格"的 ✖ 按钮。

　　3. 移动工具栏

　　如未打开请先打开，打开时的默认位置是在状态栏上方。

　　(1)"绘图"工具栏在默认位置时将鼠标指针移到"绘图"工具栏的⋮处，鼠标指针变为✛时按下鼠标左键拖动到合适位置。

　　(2)在"文档窗口"内时将鼠标指针移到"绘图"工具栏的标题处按下鼠标左键拖动。

　　说明：用类似方法可移动其他工具栏。

　　4. 为工具栏添加或删除按钮

　　将鼠标指针移到"常用"工具栏的▾箭头处单击打开下拉菜单选"添加或删除按钮"→"常用"→"关闭"。

5. 查看工具栏按钮名称

将鼠标指针指向某个按钮,稍停片刻,即显示该命令按钮的名称。

三、创建新文档

任务描述:

创建新文档"大赛启事 . DOC",内容为空。

操作提示:

创建新文档的方法有以下四种:

1. 启动 word 时,已自动创建名为"文档 1"的新文档;

2. "文件"→"新建"打开"新建文档"任务窗格从中选择相应方式;

3. 单击"常用"工具栏上"新建"□按钮;

4. Ctrl＋N。

说明: 使用步骤五的方法保存为"大赛启事"即可(放在"D:\练习"下,暂不要退出 word 或关闭文档)。

四、在新文档中输入文字

任务描述:

在建新文档中输入下面文字:

首届世界华人学生作文大赛启事

迎着新世纪的曙光,"世界华人学生作文大赛"向我们走来。

在以往成功举办了四届"全国学生'丑小鸭'作文大赛"的基础上,本届大赛将扩大竞赛范围,面向海内外所有的华人学生。

本届大赛由中国侨联、全国台联、中国写作学会、《人民日报》(海外版)、中国国际广播电台、《21 世纪学生作文》杂志社共同举办,旨在加强海内外炎黄子孙在生活、学习方面的交流与沟通,活跃学生课外学习生活,展示华人学生的精神面貌。

操作提示:

1. 选择一种中文输入法输入文字;

2. 标点符号可用软键盘(在输入法提示栏的▓上右击选"标点符号");也可用"符号栏";或直接输入常用标点符号。

五、保存文档

任务描述:

将已输入了内容的文档用文件名"大赛启事 . DOC"保存到"D:\练习"内。

操作提示:

保存文档的方法有以下四种:

1. 关闭文档(或退出 Word)时,系统提示是否保存,选择"是"然后选择保存位置"D:\练习"、类型"word 文档",键入文件名"大赛启事"保存即可。

2. 用菜单"文件"→"保存"命令(覆盖原文档,新建文档等同于"另存为","文件"→"另存为"可保存文档的副本)。

3. 单击"常用"工具栏用上"保存"![保存]按钮(覆盖原文档,新建文档等同于"另存为")。

4. Ctrl+S(覆盖原文档,新建文档等同于"另存为")。

六、退出 Word 程序

任务描述:

退出 Microsoft Word 2003 应用程序。

操作提示:

退出 Word 程序的方法有以下四种:

1. 单击窗口标题栏右上角的"关闭"按钮;

2. 用菜单"文件"→"退出"命令;

3. 双击窗口标题栏左上角的"控制菜单"按钮;

4. Alt+F4。

实验二　　文档的编辑

【实验目的】

1. 熟悉打开文档的方法;

2. 掌握文档的基本编辑技术。

【实验内容】

1. 打开文档;

2. 文本的选取、删除与恢复;

3. 文本的复制与移动;

4. 输入特殊符号;

5. 查找与替换。

【实验环境】

1. 安装了 Windows 2000 Professional(或 server)操作系统的计算机一台,并已安装了 Microsoft Office 2003 应用程序;

2. 在"D:\"盘建有文件夹"练习";

3. 在"D:\练习"文件夹下已建文档"大赛启事 . DOC"(实验一所建)。

【实验步骤】

一、打开文档

任务描述:

打开文档"D:\练习\大赛启事 . DOC"。

操作提示:

打开"大赛启事"的方法有三种:

1. 打开"我的电脑"(或资源管理器),在窗口中查找到"D:\练习\大赛启事 . DOC",双击(或右击选"打开")。

2. 打开"我的电脑",在地址栏里填写"D:\练习\大赛启事 . DOC",敲回车。

3. 打开"Microsort Word",在 Word 窗口中"文件"→"打开"(或用快捷键 Ctrl＋O 或单击常用工具栏的🖿打开按钮),在"打开"对话框中找到"D:\练习\大赛启事 . DOC",单击"确定"。

打开文件内容如下:

首届世界华人学生作文大赛启事

迎着新世纪的曙光,"世界华人学生作文大赛"向我们走来。

在以往成功举办了四届"全国学生'丑小鸭'作文大赛"的基础上,本届大赛将扩大竞赛范围,面向海内外所有的华人学生。

本届大赛由中国侨联、全国台联、中国写作学会、《人民日报》(海外版)、中国国际广播电台、《21 世纪学生作文》杂志社共同举办,旨在加强海内外炎黄子孙在生活、学习方面的交流与沟通,活跃学生课外学习生活,展示华人学生的精神面貌。

二、文本的选取、删除,撤消与恢复

任 务 描 述 :

1. 选取词"曙光"将其删除,然后恢复;

2. 选取第二行,然后删除,最后恢复;

3. 选取全文,删除,然后恢复。

操 作 提 示 :

1. 文本的选取

(1)用鼠标选取

①将光标插入到"曙光"左方,按左键拖到右方,选中"曙光";

②在"曙光"上双击,选中"曙光";

③把鼠标移动到第二行的左边,鼠标就变成了一个斜向右上方的箭头,单击,可选中该行文本;

④在任一行的左侧三击鼠标,选中整个文本。

(2)利用键盘配合选取

①在第二行的开始位置单击,按住 Shift 键,再单击末尾;

②使用快捷键 Ctrl＋A 或者"编辑"→"全选",选中全文。

2. 文本的删除

(1)选中上面文本后按一下 Delete 键或 Escape 键;

(2)选中文本后使用"编辑"菜单中的"清除"命令;

(3)选中文本后使用"编辑"菜单中的"剪切"命令。

3. 撤消

(1)单击🖘撤消按钮,恢复到删除前的状态;

(2)"编辑"→"撤消(U)清除";

(3)Ctrl＋Z;

（4）单击 ⟲ ▼ 撤消按钮后的 ▼，打开下拉列表可选择撤消若干步。

说 明：重做用 Ctrl＋Y。

3. 恢复

（1）单击 ▼ 恢复按钮，恢复到撤消前的状态；

（2）"编辑"→"恢复（R）…"；

（3）Ctrl＋Y；

（4）单击 ⟲ ▼ 恢复按钮后的 ▼，打开下拉列表可选择恢复若干步。

三、文本的复制与移动

任 务 描 述：

1. 复制"全国台联"到最后作为第五自然段；

2. 将"全国台联"移到"中国写作学会"之后。

操 作 提 示：

将插入点定位第四自然段后，敲回车键，添加第五自然段。

1. 复制

（1）使用鼠标拖动复制文本

选中"中国台联"，在按下 Ctrl 键的同时，在"中国台联"上按下鼠标左键拖动鼠标，拖动到"中国写作学会"后面松开，完成复制。

（2）使用剪贴板复制文本

①选定"中国台联"，单击 📋 复制按钮，完成复制；单击目标位置后再单击常用工具栏的 📋 粘贴按钮即可实现文本的复制。

②选定"中国台联"使用"编辑"→"复制"命令；单击目标位置后使用"编辑"→"粘贴"命令可。

③选定"中国台联"单击右键选"复制"命令；单击目标位置后单击右键选"粘贴"命令即可。

④选定"中国台联"用快捷键 Ctrl＋C 命令，单击目标位置用快捷键 Ctrl＋V 即可。

2. 移动

（1）使用鼠标拖动移动文本

先选中"中国台联"，然后在"中国台联"上按下鼠标左键拖动鼠标，一直拖动到"中国写作学会"之后松开，完成移动。

（2）使用剪贴板移动文本

①先选定"中国台联"，单击常用工具栏上的 ✂ 剪切按钮，将插入点定位到"中国写作学会"之后，单击常用工具栏上 📋 粘贴按钮即可。

②先选定"中国台联"，使用"编辑"→"剪切"命令，将插入点定位到"中国写作学会"之后，使用"编辑"→"粘贴"命令即可。

③选定"中国台联"单击右键选"剪切"命令，将插入点定位到"中国写作学会"之后，单击右键选"粘贴"命令即可。

④先选定"中国台联"，快捷键 Ctrl＋X 命令，将插入点定位到"中国写作学会"之后，使

用快捷键 Ctrl＋V 即可。

　　说明：其他对象的复制与移动同文本的复制与移动相同。

　　四、输入特殊符号

　　任务描述：

　　1. 在"大赛启事"文档中插入如图 3-2 所示的特殊符号；

　　　　　　　　　📖首届世界华人学生作文大赛启事

　　✍ 迎着新世纪的曙光，"世界华人学生作文大赛"向我们走来。

　　在以往成功举办了四届"全国学生'丑小鸭'作文大赛"的基础上，本届大赛将扩大竞赛范围，面向海内外所有的华人学生。※※

　　本届大赛由中国侨联、全国台联、中国写作学会、《人民日报》(海外版)、中国国际广播电台、《21 世纪学生作文》杂志社共同举办，旨在加强海内外炎黄子孙在生活、学习方面的交流与沟通，活跃学生课外学习生活，展示华人学生的精神面貌。💻

图 3-2　实验效果图

　　2. 在第二段文字之后加入两个"※"符号。

　　操作提示：

　　1. 符号"📖"、"✍"与"💻"均用菜单"插入"→"符号"命令，在"符号"对话框中，选"符号"标签，字体选"Wingdings"，进行选择。

　　2. 用菜单"插入"→"特殊符号"命令，在"插入特殊符号"对话框，选"特殊符号"标签，从中选"※"符号双击即可，如图 3-3 所示。

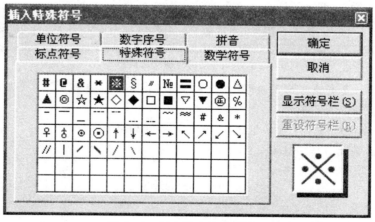

图 3-3　插入特殊符号对话框

　　3. 符号"※"也可用软键盘(在输入法提示栏的▦上右击选"特殊符号")，打开"特殊符号"软键盘如图 3-4 所示，然后敲键盘相应键或用鼠标直接单击符号按钮。

图 3-4　"特殊符号"软键盘

五、查找与替换

任务描述：

将"大赛启事"文档中的"丑小鸭"替换成"小天鹅"。

操作提示：

用菜单"编辑"→"替换"命令，则弹出"替换"对话框，如图 3-5 所示。在"查找内容"文本框中输入"丑小鸭"，在"替换为"文本框中输入"小天鹅"，单击"全部替换"按钮。或者，单击"查找下一处"，找到后单击"替换"按钮（或再单击"查找下一处"不替换当前找到的对象），再重复操作，进行有选择的替换。

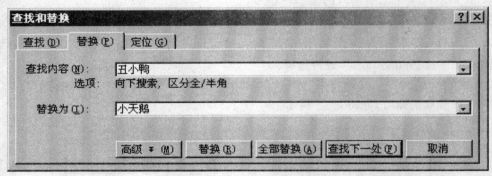

图 3-5　查找与替换对话框

说明：1. 如只是查找可用菜单"编辑"→"查找"命令，在"查找内容"文本框中输入查找内容，单击"查找下一处"即可。

2. 查找和替换是同一个对话框，单击相应标签可切换。

操作结束后关闭并保存文档。

实验三　文档的排版

【实验目的】

1. 掌握字符的格式设置方法；

2. 掌握段落的格式设置方法。

【实验内容】

1. 修饰文字；

2. 修饰段落；

3. 使用格式刷；

4. 设置分栏；

5. 为页面加边框。

【实验环境】

1. 安装了 Windows 2000 Professional(或 server)操作系统的计算机一台,并已安装了 Microsoft Office 2003 应用程序；

2. 在"D:\"盘建有文件夹"练习"；

3. 在"D:\练习"文件夹下已建文档"电子商务.DOC",内容如下。

电子商务

电子商务不仅是一个发展迅速的新市场,而且是一种替代传统商务活动的新形式。美国总统的 Internet 高级顾问 IraMagaziner 说,美国 1995 年网上购买量仅有 20 亿美元,2002 年,这个数字将达到 3000 亿美元。

另据估计,2000 年全球电子商务交易量将在 4500 亿—6000 亿美元之间。面对如此巨大的市场潜力,各公司纷纷采取行动拓展自己的电子商务市场。如 Cisco 公司 1996 年开始网上预定产品业务,目前公司业务的 32％来自网上。美国通用电器公司目前内部网上的业务量为 10 亿美元,明年将达到 40 亿美元。

电子商务一词虽然被广泛使用,但要给出其严格定义却非易事。人们根据自己的理解在各种不完全一致的概念基础上使用着电子商务。为便于理解和讨论,我们在此列举一系列属于电子商务范畴的活动,以说明电子商务。这些活动包括交易前、交易中和交易后的有关活动。

【实验步骤】

将"D:\练习"文件夹下的"电子商务.DOC"排版成如图 3-6 的形式。然后用文件名"电子商务活动.DOC"保存在"D:\练习"下。

一、修饰文字

任务描述：

1. 标题为楷体、小一号、加粗；正文的字体设置为宋体,字号为四号。

2. 对第一段正文的第一句"电子商务……新形式"做双下划线标记；对第二段中的"另据估计……6000 亿美元之间。"一句加着重符；对第三段最后一句"这些活动……有关活动。"加边框(双线)和绿色底纹。

3. 将第二段最后一句中的"40 亿美元"改为科学计数法表示："4×10^9 美元"。

4. 将第二段中的"4500 亿—6000 亿美元"改为"4500 亿～6000 亿美元"。实验结果如图 3-7 所示。

操作提示：

1. 设置字体格式

选中待设置的字体,用菜单"格式"→"字体"命令,打开"字体"对话框,选"字体"标签进行格式设置,如图 3-8 所示。

图 3-6　实验结果

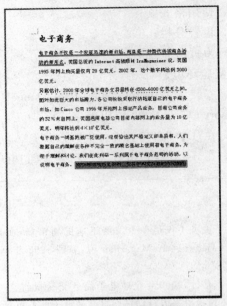

图 3-7　实验结果

图 3-8　"字体"对话框

说明： 也可用格式工具栏中的相关按钮。

2. 给文字加边框、底纹

选中待设置的文字，用菜单"格式"→"边框和底纹"命令，打开"边框和底纹"对话框，如图 3-9 所示。选"边框"选项卡，设置边框；选"底纹"选项卡，设置底纹。

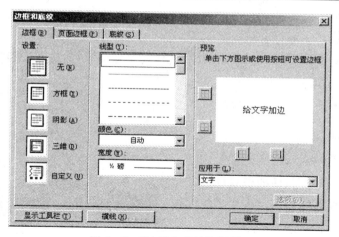

图 3-9　"边框和底纹"对话框

说　明：注意在"应用于"下拉列表中选"文字"。

3. 找到"40 亿美元"，换成"4×10^9 美元"，然后选中 9，打开"字体"对话框，在"字体"选项卡的"效果"里勾选"上标"，单击"确定"即可（也可用"替换"命令去替换）。

说　明：也可用格式工具栏中的相关按钮。

二、修饰段落

任 务 描 述：

1. 打开"电子商务"文档，标题设置成居中；

2. 将第一至三自然段设置为首行缩进，缩进 2 个字符；再设第二自然段设置为左缩进 2 个字符、右缩进 3 个字符，段前距修改为 1 行，段间行距修改为 2 倍行距。实验结果如图 3-10 所示。

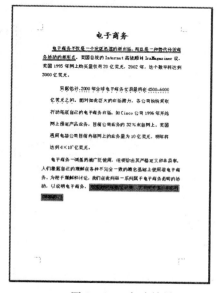

图 3-10　实验结果

图 3-11　"段落"格式对话框

操作提示：

1. 将插入点定位于要设置格式的段落；

2. 用菜单"格式"→"段落"命令，在"段落"格式对话框的"缩进和间距"选项卡中进行格式设置，选一部分设置一部分，如图 3-11 所示；

3. 也可用格式工具栏中的相应按钮。

三、使用格式刷

任务描述：

1. 将第三段的第一句话的格式设置成与最后一句相同的格式；

2. 将第二段设置成与第一段相同的格式。实验结果如图 3-12 所示。

操作提示：

1. 文本格式的复制

选中最后一句话，单击"格式刷" 按钮，鼠标就变成了一个小刷子的形状，用这把刷子"刷"过的文本格式就变得和前面的文本一样了。

2. 段落格式的复制

选中第一段，单击"格式刷" 按钮，再单击第二段即可（注意：每次都一定要选取整段）。

说 明：选中文本（或段落）双击"格式刷" 按钮，可将该格式复制到多个文本（或段落）上，直到再次单击"格式刷"按钮为止。

四、设置分栏

任务描述：

将第二段改为两栏形式，栏间距 2 个字符，栏宽相等，其他格式不改变。实验结果如图 3-13 所示。

　　　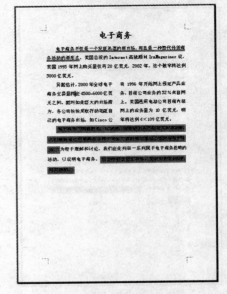

图 3-12　实验结果　　　　　　　　　图 3-13　实验结果

操作提示：

1. 将插入点定在第二段前，用菜单"插入"→"分隔符"，打开插入"分隔符"对话框，在"分节符类型"中选"连续"，如图 3 - 14 所示。

用同样的方法，在第二段前插入"连续"分节符。

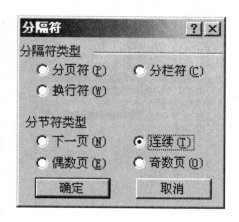

图 3 - 14　插入"分隔符"对话框

2. 单击第二段任一处，用菜单"格式"→"分栏"命令，打开"分栏"对话框，进行设置，注意在"应用于"下拉列表中选取"本节"，如图 3 - 15 所示。

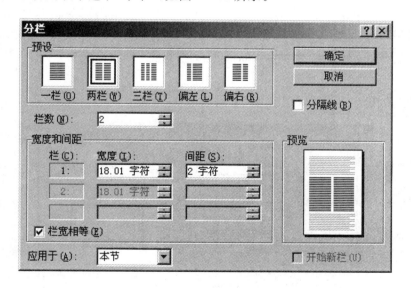

图 3 - 15　"分栏"对话框

五、为页面加边框

任务描述：

给该文加上外粗内细页面边框，线宽 3 磅，框线距文字上下为 2 磅，左右为 5 磅，结果另存为"D:\练习\电子商务活动 . DOC"。实验结果如图 3 - 16 所示。

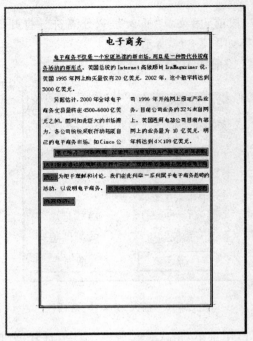

图 3-16　实验结果

操作提示：

1. 用菜单"格式"→"边框和底纹"命令，在"边框和底纹"对话框进行设置。

2. 单击 边框(X)，先选 ━━━━━ 然后单击 和 ，再选 ━━━━━ 单击 和 ，如图 3-17 所示。

注意：在"应用于"下拉列表中选取"整篇文档"。

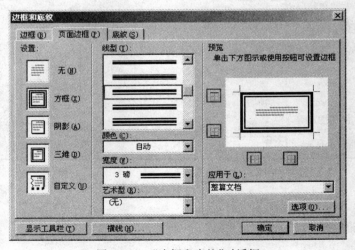

图 3-17　"边框和底纹"对话框

3. 在"边框和底纹"对话框中单击"选项"按钮，在"边框和底纹选项"对话框进行设置，如图 3-18 所示。

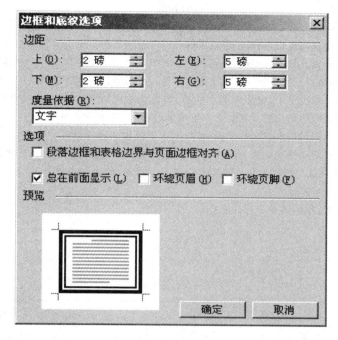

图 3 - 18 "边框和底纹选项"对话框

注意:在"度量依据"下拉列表中选取"文字"。

实 验 四 图 文 混 排

【实验目的】

1. 掌握在文档中插入图片或图像等对象的方法;

2. 掌握图形编辑及修饰方法和图文混排的技巧;

3. 掌握在文档中使用公式栏的方法。

【实验内容】

1. 插入图片;

2. 设置图文混排的效果;

3. 插入图片并形成水印的效果;

4. 在文档中绘制与编辑图形;

5. 输入数学公式。

【实验环境】

1. 安装了 Windows 2000 Professional(或 server)操作系统的计算机一台,并已安装了 Microsoft Office 2003 应用程序;

2. 在"D:\"盘建有文件夹"练习",内有图像文件"草原 . bmp"(或其他适当图形);

3. 在"D:\练习"文件夹下已建文档"自荐书 . DOC",内容如下。

自荐书

尊敬的领导：

　　感谢您于百忙之中垂阅此信,给我一个被了解和被考核的机会。我是××学院 2006 届应届毕业生,现就读于计算机应用专业。我来自安徽省,农村生活铸就了我淳朴、诚实、善良的性格,培养了我不怕困难挫折,不服输的奋斗精神。我深知学习机会来之不易,在校期间非常重视计算机基础知识的学习,取得了良好的成绩。基本上熟悉了 PC 机的原理与构造,能熟练地应用 Windows 系列的各种操作系统,获得了国家计算机等级考试程序员证书。在学习专业知识的同时,还十分重视培养自己的动手实践能力,利用暑假参加了电子公司的局域网组建与维护;参与了本学院校园网建设的一期工程,深得学院领导和老师的好评。丰富的实践活动使我巩固了计算机方面的基础知识,能熟练地进行常用局域网的组建与维护以及 Internet 的接入、调试与维护。我冒昧向贵公司毛遂自荐,给我一个机会,给您一个选择,我相信您是正确的。

　　祝贵公司蓬勃发展,您的事业蒸蒸日上!

　　此致!

敬礼

自荐人:崔同方
2006 年 3 月

【实验步骤】

　　将"D:\练习"文件夹下的"自荐书.DOC"排版成如图 3-19 的形式,然后用文件名"已完成自荐书.DOC"保存在"D:\练习"下。

图 3-19　实验效果图　　　　　　图 3-20　"剪贴画"任务窗格

一、插入图片

任务描述:

　　1. 打开文档"D:\练习\自荐书.DOC",进行分段和简单排版,在文档末插入剪贴画"computers";

2. 在文档中插入文件中的图片"D:\练习\草原.bmp"。

操作提示：

1. 将插入点移动到要插入图片的位置,用菜单"插入"→"图片"→"剪贴画"命令,在"剪贴画"任务窗格的"搜索文字"中输入"computers",单击"搜索"按钮,在剪贴画列表中单击图片即可,如图 3-20 所示。

或者,单击任务窗格标题选"剪贴画"。

2. 用菜单"插入"→"图片"→"来自文件"命令,打开"插入图片"对话框,在其中找到"D:\练习\草原.bmp",单击插入即可。如图 3-21 所示。

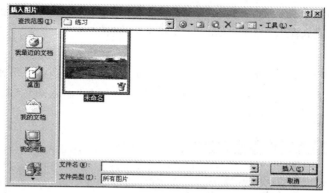

图 3-21　"插入图片"对话框

二、设置图文混排的效果

任务描述：

1. 将上述插入的剪贴画设置为四周环绕型,放在最后一段的右边;

2. 将"草原.bmp"设置为衬于文字下方,放在最后的左边。

操作提示：

设置文字环绕效果有如下几种方法:

1. 直接双击图片,打开"设置图片格式"对话框,选相应效果,如图 3-22 所示;

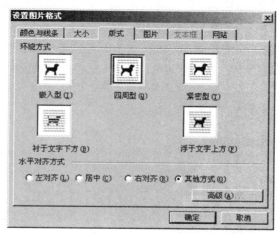

图 3-22　"设置对象格式"对话框

2. 在图片上单击鼠标右键,选择"设置图片格式",打开"设置对象格式"对话框,选相应效果,如图 3-22 所示;

3. 单击"图片"工具栏中的 ▨ 文字环绕效果按钮,选相应项即可;

说 明: 在"设置对象格式"对话框或"图片"工具栏中还可以进行图片的裁剪、改变颜色、图片的缩放等设置。

4. 设置好文字环绕效果后,拖动到合适位置即可。

三、插入图片并形成水印的效果

任 务 描 述:

在文档中再次插入图片"草原.bmp",将其作为水印。

操 作 提 示:

使用"格式"→"背景"→"水印"命令,打开"水印"对话框,如图 3-23 所示;先单击"图片水印(I)"单选按钮,再单击"选择图片(P)…"命令按钮,打开"插入图片"对话框,在其中找到"D:\练习\草原.bmp",单击插入即可。

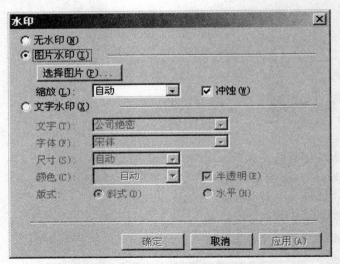

图 3-23 "水印"设置对话框

在"水印"对话框中也可为文档添加"文字"水印。在"文本"列表中设置文字,在"字体"列表框中选择字体,然后设置尺寸,选择颜色,单击"确定"按钮,页面中就出现了显示在文字下面的水印了。

单击"打印预览"按钮,可以看到设置的水印效果。

四、在文档中绘制与编辑图形

任 务 描 述:

在文档结尾处加上自己绘制的图形。

操 作 提 示:

单击"常用"工具栏上的 ▨ "绘图"按钮弹出"绘图"工具栏,如图 3-24 所示。

图 3-24　"绘图"工具栏

　　单击"自选图形"按钮后,直接用鼠标单击相应图形对象,在适当位置拖放,通过控制柄可调整大小。如图 3-25 所示。

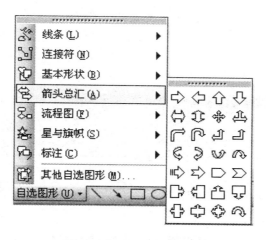

图 3-25　"自选图形"列表

　　利用"绘图"工具栏可设置线型、线条颜色、填充颜色、箭头类型、大小调整和版式设置等。或选中所绘图形用菜单"格式"→"自选图形"命令,或在所绘图形上单击右键,选"设置自选图形格式"选项,打开"设置自选图形格式"对话框,如图 3-26 所示,通过相应的选项卡也可完成设置。

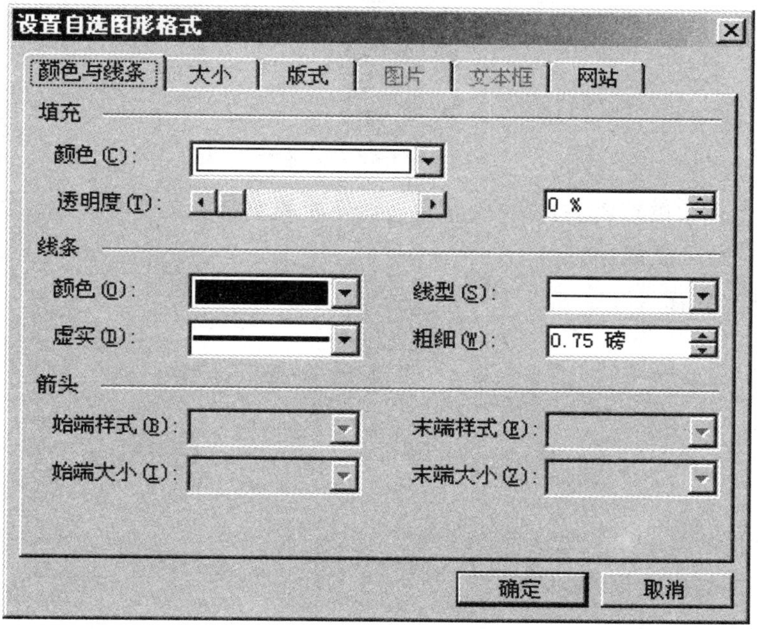

图 3-26　"设置自选图形格式"对话框

五、输入数学公式

任务描述：

在自荐信中插入积分公式。

操作提示：

1. 在最后插入一空行后，再在后面输入一行文字"给我机会，给你惊喜！"，设为隶书三号，调整好位置。

2. 使用菜单"插入"→"对象"命令，在"对象类型"列表中选择"Microsoft 公式 3.0"，单击"确定"按钮，如图 3-27 所示。

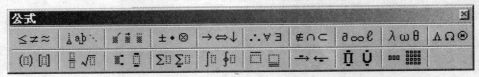

图 3-27　"公式"工具栏

单击"公式管理器"中"积分模板"，如图 3-28 所示，然后选相应项，在文档的编辑框内输入和编辑公式。

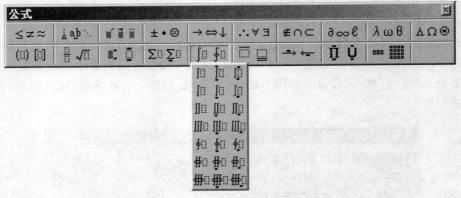

图 3-28　"积分模板"

单击其他位置结束编辑公式，再次单击公式通过控制柄拖动调整大小，双击可重新打开"公式"工具栏进行公式编辑。

注意：要在 ⊞ 内输入文字和符号。

实验五　表格的制作

【实验目的】

1. 学习并掌握表格制作的一般方法；

2. 掌握表格的基本编辑方法；

3. 掌握表格的格式化。

【实验内容】

1. 创建表格；

2. 表格的编辑；

3. 修饰表格。

【实验环境】

安装了 Windows 2000 Professional(或 server)操作系统的计算机一台,并已安装了 Microsoft Office 2003 应用程序。

【实验步骤】

一、创建表格

任务描述:

新建一文档,在其中建立如表 3 - 1 所示的表格。

表 3 - 1 实验结果表格

品牌	一季度(台)	二季度(台)	三季度(台)
长虹	1240	940	1660
康佳	1180	820	1350
海信	1130	910	1050
TCL	920	800	820
创维	850	780	820
海尔	1000	902	950

操 作 提 示:

建立表格有如下几种方法:

1. 使用"表格和边框"工具栏(如图 3 - 29)中的 [图] "插入表格"按钮,打开"插入表格"对话框,如图 3 - 30 所示,输入行列数,单击"确定"按钮。

2. 使用菜单"表格"→"插入"→"表格"命令,也打开"插入表格"对话框,以后方法同上。

3. 单击"常用"工具栏上"插入表格"按钮 [图],拉出一个 7 行 4 列的带阴影的小方格,松开鼠标即可。

4. 单击"表格和边框"工具栏(如图 3 - 29)中的 [图] 绘制表格按钮,直接用鼠标拖动来绘制表格(复杂一点的表格一般用此法)。

用方向键或 Tab 键使插入点在单元格中移动(也可直接单击单元格),输入整张表格的内容。

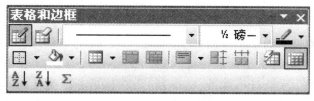

图 3 - 29 "表格和边框"工具栏

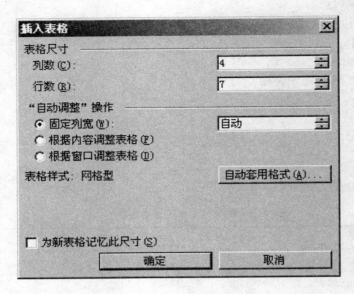

图 3 - 30　"插入表格"对话框

二、表格的编辑

任务描述：

1. 在表格的右边增加一列"四季度（台）"，最后添加一行"合计"；
2. 填入如表 3 - 2 所示的数据，并计算每季合计。

表 3 - 2　实验结果表格

品牌	一季度（台）	二季度（台）	三季度（台）	四季度（台）
长虹	1240	940	1660	950
康佳	1180	820	1350	800
海信	1130	910	1050	810
TCL	920	800	820	700
创维	850	780	820	780
海尔	1000	902	950	950
合计	6320	5152	6590	4990

操作提示：

将插入点置于第四列的某个单元格中，用菜单"表格"→"插入"→"列（在右侧）"命令，输入列的数据；将插入点置于表格最后一行的某个单元格中，用菜单"表格"→"插入"→"行（在下方）"命令，输入行标题"合计"，如表 3 - 2 所示；在最后一行第 2 列，用菜单"表格"→"公式"命令，弹出公式对话框，如图 3 - 31 所示，输入公式"＝sum（above）"或者"＝C2＋C3＋C4＋C5＋C6＋C7"，单击"确定"按钮类似可求出其他三季的合计。

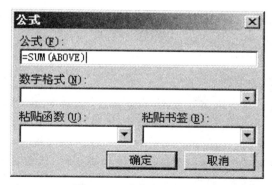

图 3－31 "公式"对话框

三、修饰表格

任 务 描 述:

对上述表格按下列要求进行修饰,实验结果如表 3－3 所示。

表 3－3 实验结果表格

2005 年××商场彩电销售表				
品牌	一季度(台)	二季度(台)	三季度(台)	四季度(台)
长虹	1240	940	1660	950
康佳	1180	820	1350	800
海信	1130	910	1050	810
海尔	1000	902	950	950
TCL	920	800	820	700
创维	850	780	820	780
合计	6320	5152	6590	4990

1. 在最前面插入一标题行,并设置格式;

2. 设第一行行高为 1.5 厘米,其余行用默认值,第一行底线为双线型,最后一行顶线为粗线,外框线为粗线,其余为细线;

3. 按一季度销售台数排序(降序);

4. 给最后一行添加灰色底纹;

5. 复制一份表格后将其转化为文字(用逗号分隔)。

操 作 提 示:

1. 标题设置

(1)将插入点置于第一行的某个单元格中,用菜单"表格"→"插入"→"行(在上方)"命令(或单击"表格和边框"工具栏的 ▦ 插入表格按钮后的 ▾,在下拉列表中选"在上方插入行"),表格最前面增加一行。

（2）选中第一行的所有单元格，用菜单"表格"→"合并单元格"命令（或单击"表格和边框"工具栏的 ▦ 合并单元格按钮），在此单元格中输入"2005年××商场彩电销售表"。

（3）单击"格式"工具栏上的"分散对齐"。

2. 表格格式

（1）将插入点置于表格中；

（2）用菜单"表格"→"表格属性"，弹出"表格属性"对话框，如图3-32所示；

（3）单击"表格属性"对话框中的"行"选项卡，设置第一行的行高为1.5厘米；

（4）打开"表格和边框"工具栏，如图3-29所示，设置"实线"线型，粗细为1.5磅；

（5）单击"绘制表格"按钮，鼠标在工作区形状变为笔状，将鼠标从需要修改线型的直线的一端按下，拖动到直线的另一端松开鼠标（或在选定单元格区域后，单击"表格和边框"工具栏的 ▦ 边框线按钮后的 ▾，在下拉列表中选相应的线）。

说明：表格格式的设置基本上可以通过"表格和边框"工具栏来完成。

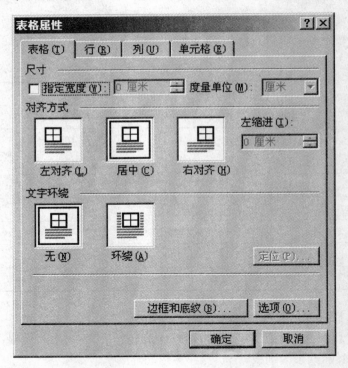

图3-32　"表格属性"对话框

3. 排序

（1）选中第二至第八行的所有单元格。

（2）用菜单"表格"→"排序"命令，弹出"排序"对话框，如图3-33所示。在"排序"对话框中，列表选择"有标题行"，排序"主要关键字"选择"一季度（台）"，按"降序"排列。注意：这里的排序不能用"表格和边框"工具栏的 ↓ 和 ↓ 排序按钮，因为该按钮的排序是针对整个表格的。

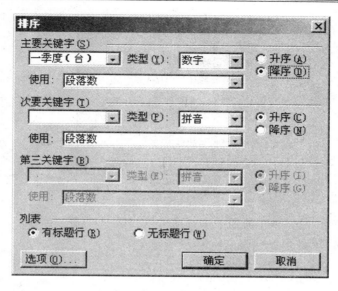

图 3-33 文字"排序"对话框

4. 添加底纹

(1)选中最后一行,单击"表格属性"对话框(图 3-32)中的"表格"选项卡,单击"边框和底纹"按钮(或用菜单"格式"→"边框和底纹"命令),弹出"边框和底纹"对话框;

(2)选"底纹"选项卡,选 30％的灰色,如图 3-34 所示。

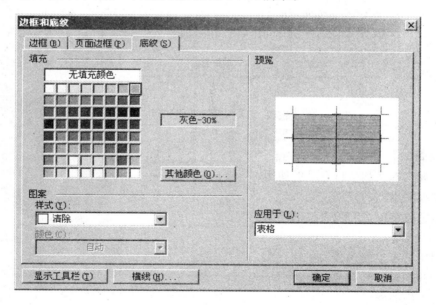

图 3-34 边框和底纹

5. 表格转换成文本

(1)选取整个表格后,用类似于复制文字的方法进行复制;

(2)选定整个表格或将鼠标指针移到表格的单元格中,用菜单"表格"→"转换"→"将表格转换成文本"命令,弹出"将表格转换成文本"对话框,如图 3-35 所示;

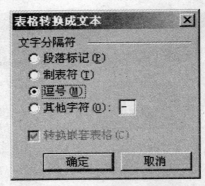

图 3-35 "表格转换成文本"对话框

（3）单击"文本分隔符"区中所需的字符前的单选钮，如选择"逗号"；

（4）单击"确认"按钮。

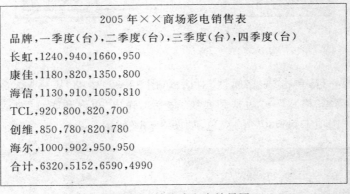

2005 年××商场彩电销售表

品牌,一季度(台),二季度(台),三季度(台),四季度(台)

长虹,1240,940,1660,950

康佳,1180,820,1350,800

海信,1130,910,1050,810

TCL,920,800,820,700

创维,850,780,820,780

海尔,1000,902,950,950

合计,6320,5152,6590,4990

图 3-36 转换成文本效果图

实验六　特殊的排版效果

【实验目的】

1. 掌握艺术字和项目符号的使用；

2. 掌握文本框的使用；

3. 熟悉首字下沉和制表位的使用。

【实验内容】

1. 利用艺术字创建文档标题；

2. 创建项目符号和编号；

3. 文本框的使用；

4. 设置首字下沉；

5. 使用制表位。

【实验环境】

1. 安装了 Windows 2000 Professional(或 server)操作系统的计算机一台，并已安装了 Microsoft Office 2003 应用程序；

2. 在"D:\"盘建有文件夹"练习";

3. 在"D:\练习"文件夹下已建文档"工业设计专业介绍.DOC",内容如下:

工业设计专业分为工业设计和数字媒体设计两个方向

工业设计(Industrial Design)方向是多学科交叉的边缘学科,综合性强,有着无限的生命力,在国内正处于飞速发展阶段。

本方向培养基础扎实、知识面宽、具有创新精神的从事新产品开发与设计、产品造型设计、视觉传达设计、环境设计与制作的高级复合型设计人才。

毕业生以其特有的自然科学、社会科学和人文科学相关学科交叉的知识结构,及熟练地运用计算机进行产品及产品造型设计、视觉传达设计、环境设计和计算机动画设计与制作的能力,深受社会各界的热烈欢迎,也满足了高等院校、电视台、国内外的独资或中外合资企业的迫切需求。

毕业生可到电视台、电子、通信、家电、汽车等领域的大型独资或中外合资企业、高等院校、研究院所等单位从事研究与产品设计开发、企业发展策划、广告、教育、计算机动画及各类图形的电脑设计与制作等工作。

本方向主干课程有:

效果图

计算机辅助

工业设计概论技术

产品化设计概念

产品设计

工业设计中的信息技术

数字媒体设计(Digital Media Design)方向是计算机技术飞速发展所产生的交叉学科。一切建筑在计算机技术基础上的传播都是数字传播。随着计算机技术的发展,数字媒体将成为信息传播的主流形式,社会对数字媒体设计人才的需求日益迫切。

本方向培养基础扎实、知识面广,能适应 21 世纪计算机技术发展所急需的既具有计算机软硬件知识与能力,又具有设计知识与能力的高级数字媒体设计人才。

毕业生能从事整个数字媒体领域的设计工作,他们将是我国数字媒体领域的第一代高级设计人员。

毕业生可在电子信息领域的公司、国家机关、高等院校、电视台、电影厂计算机特技部门及各类大中型企业等就业。

本方向主干课程有:

工业设计概论

网络技术基础

数字媒体设计

媒体编排设计

多媒体技术

【实验步骤】

将"D:\练习"文件夹下的"工业设计专业介绍.DOC"排版成如图 3 – 37 的形式。然后用文件名"工业设计专业简介.DOC"保存在"D:\练习"下。

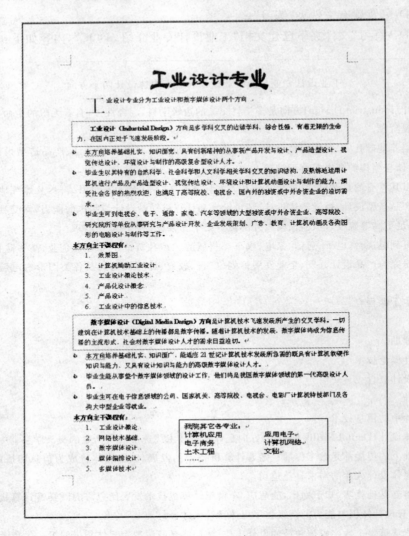

图 3-37　实验效果图

一、利用艺术字创建文档标题

任务描述：

将文档的标题设置为艺术字的形式，文字内容"工业设计专业"，字号 32，隶书。

操作提示：

1. 插入艺术字

单击"绘图"工具栏上的"插入艺术字" 按钮（或用菜单"插入"→"图片"→"艺术字"命令），打开"艺术字库"对话框，作如图 3-38 的选择，单击"确定"按钮。

2. 编辑艺术字在弹出的"编辑'艺术字'文字"对话框中，输入文字，选择"字体"项，如图 3-39 所示，单击"确定"按钮。弹出"艺术字"工具栏，对已输入的艺术字进行编辑，如图 3-40 所示。

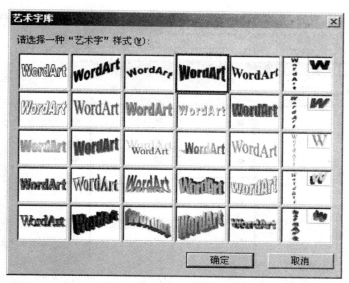

图 3-38　艺术字库对话框

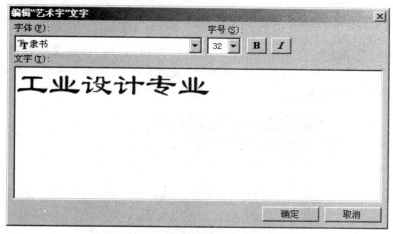

图 3-39　编辑"艺术字"文字对话框

图 3-40　"艺术字"工具栏

二、创建项目符号和编号

任务描述:

对 3~5,14~16 自然段创建项目符号(),对第 7~12 自然段创建数字编号,对第 18~22 自然段创建数字编号。

操作提示:

1. 创建项目符号()

　　(1)选择 3~5 自然段,用菜单"格式"→"项目符号和编号"命令,打开"项目符号和编号"对话框,如图 3-41 所示;

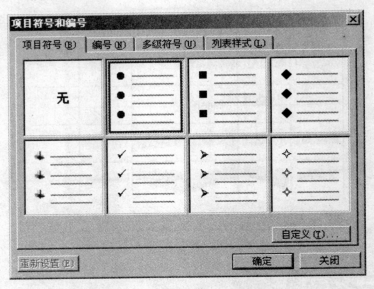

图 3-41　"项目符号和编号"对话框

　　(2)单击如图的符号后再单击"自定义(T)…"按钮,打开"自定义项目符号列表"对话框,如图 3-42 所示,再单击"字符(C)…"按钮,打开插入"符号"对话框,字体选"Wingdings",选中符号后单击"确定"按钮,如图 3-43 所示;

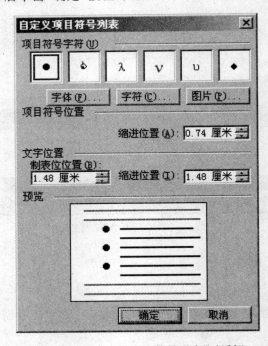

图 3-42　"自定义项目符号列表"对话框

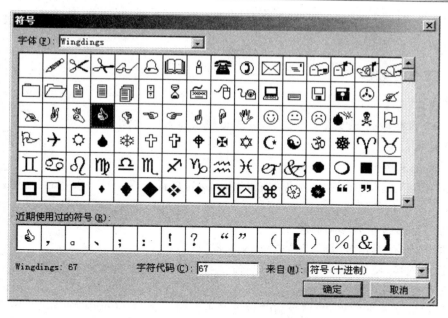

图 3 - 43　插入"符号"对话框

（3）返回到"自定义项目符号列表"对话框，单击"确定"按钮；

（4）返回到"项目符号和编号"对话框后单击"确定"按钮，3～5 自然段项目符号创建成功；

（5）选择 3～5 自然段，单击格式刷 按钮，然后选择 14～16 自然段，完成 14～16 自然段项目符号的创建。

2. 创建数字编号

选择 7～12 自然段后，打开"项目符号和编号"对话框，选"编号"标签，作如图 3 - 44 所示的选择后，单击"确定"按钮，完成 7～12 自然段的编号设置。

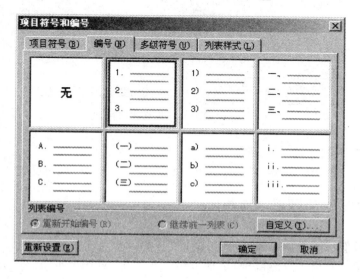

图 3 - 44　"项目符号和编号"对话框

选择 18～22 自然段后,用上面同样的方法来设置。这里不要用格式刷 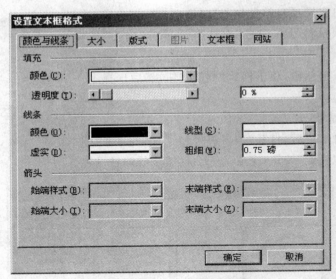 按钮,否则编号是续前面的,即从 7 开始。

三、文本框的使用

任务描述:

将 2,13 自然段内容放入文本框里,并进行格式设置。

操作提示:

1. 插入空文本框

单击"绘图"工具栏上的"文本框"按钮(   ),鼠标变成"+"字形,在文档中拖动鼠标到所需大小与形状后放开即可。

2. 将已有的内容纳入文本框

(1)选中内容,单击"绘图"工具栏中"文本框"按钮;

(2)选中内容,使用"插入"→"文本框"命令,就将这些内容添加到文本框中。

3. 文本框的格式设置

选择"设置文本框的格式"命令,在"设置文本框的格式"对话框中,如图 3－45 所示进行填充颜色、线框、大小、文字环绕等设置。

图 3－45 "设置文本框格式"对话框

四、设置首字下沉

任务描述:

将第一段设置为首字下沉,下沉两行。

操作提示:

1. 在第 1 自然段后敲回车键,插入一空行;

2. 将光标定位到第 1 自然段中,选择"格式"菜单中"首字下沉"选项,打开"首字下沉"对话框,设置好后单击确定按钮,如图 3－46 所示;

3. 双击下沉首字, 打开"图文框"对话框, 进行格式设置, 如图 3 - 47 所示。

图 3 - 46　"首字下沉"对话框

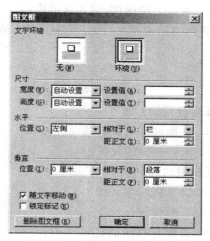

图 3 - 47　"图文框"对话框

五、使用制表位

任务描述:

在文档后面空白处插入文本框, 输入相应内容, 要求在 10.5cm 设置制表位将各专业分开 (左对齐)。

操作提示:

1. 在文档后面空白处插入文本框, 输入相应内容, 将插入点放到文本框内。

2. 反复单击两标尺交界处的"制表位设置" ⌐ 按钮, 找到"左对齐制表位" ∟ 后, 在水平标尺下沿单击出现 ¹¹⁰∟ ¹¹² 即可; 或用菜单"格式"→"制表位"命令, 打开"制表位"对话框, 在其中进行设置后, 单击"确定"按钮, 如图 3 - 48 所示。

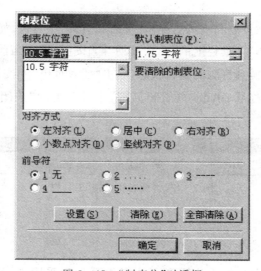

图 3 - 48　"制表位"对话框

3. 输入第 1 个专业后,按<Tab>键,再输入第 2 个专业按回车键。

4. 重复上步操作,输入其他内容。

将所得结果用文件名"工业设计专业简介.DOC"保存在"D:\练习"下。

实验七　页面排版与打印

【实验目的】

1. 掌握页眉与页脚的设置;

2. 掌握页面的设置。

【实验内容】

1. 设置页眉与页脚;

2. 页面设置;

3. 打印与打印预览。

【实验环境】

1. 安装了 Windows 2000 Professional(或 server)操作系统的计算机一台,并已安装了 Microsoft Office 2003 应用程序;

2. 在"D:\"盘建有文件夹"练习";

3. 在"D:\练习"文件夹下已建文档"工业设计专业简介.DOC"(实验 6 所建);

4. 打印机一台。

【实验步骤】

一、设置页眉与页脚

任 务 描 述:

打开"D:\练习\工业设计专业简介.DOC",在页眉上插入当前日期,在页脚中间位置插入页码。

操 作 提 示:

1. 用菜单"视图"→"页眉和页脚",弹出"页眉和页脚"工具栏,如图 3-49 所示。

2. 单击"页眉和页脚"工具栏上的"插入日期"按钮,插入当前日期。单击"在页眉和页脚间切换"按钮,切换到页脚的编辑状态,单击"插入页码"按钮,插入页码。

3. 查看其他按钮名称后,单击"页眉和页脚"工具栏上的"关闭"按钮回到文档的编辑状态。

图 3-49 "页眉和页脚"工具栏

二、页面设置

任 务 描 述:

将页面设置为左边距 2.8,右边距 2.2,上下边距 2.5,采用 A4 纸张,纵排。

操作提示：

用菜单"文件"→"页面设置"命令，打开"页面设置"对话框，如图 3-50 所示。

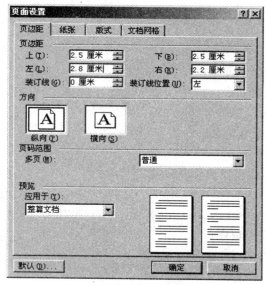

图 3-50　"页面设置"对话框

三、打印与打印预览

任务描述：

将微机连接上打印机，打印一份文档。

操作提示：

1. 在"常用"工具栏上，单击"预览"按钮，进入"浏览"界面，单击工具栏的"关闭"关闭(C)按钮，返回编辑界面。或用菜单"文件"→"打印预览"命令，进入"浏览"界面。

2. 或用菜单"文件"→"打印"，进入"打印"对话框，如图 3-51 所示。

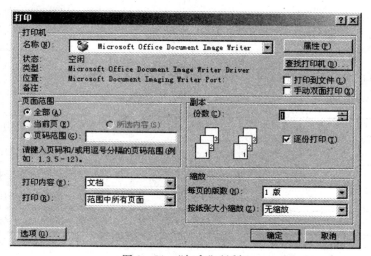

图 3-51　"打印"对话框

或单击"常用"工具栏上"打印" 🖨 按钮,直接用默认打印机打印。

实验八　邮件合并

【实验目的】

1. 掌握邮件合并的操作方法;

2. 掌握主文档的创建方法;

3. 掌握数据源的创建、修改方法;

4. 掌握合并文档的操作方法。

【实验内容】

建立邮件合并文档,给多位老师发通知。

【实验环境】

1. 安装了 Windows 2000 Professional(或 server)操作系统的计算机一台,并已安装了 Microsoft Office 2003 应用程序;

2. 在"D:\"盘建有文件夹"练习"。

【实验步骤】

任务描述:

多位老师要参加几个班级的主题学习讨论活动,请你用邮件合并功能给这几位老师发通知。

操作提示:

1. 创建主文档

> 〈姓名〉老师:
>
> 　　　请于〈参加时间〉到〈班级〉参加以〈活动主题〉为主题的学习讨论活动。望您准时参加指导。
>
> 　　　特此通知
>
> 　　　　　　　　　　　　　　　　　　　　　　　　信息工程系
>
> 　　　　　　　　　　　　　　　　　　　　　　　　2006 - 4 - 16

以"学习讨论会参加教师通知 . DOC"保存在"D:\练习"里。

2. 创建数据源

姓名	班级	参加时间	活动主题
李勇	应电一班	4 月 20 日	网络教学—轻松愉快的网络学习环境
唐新	应电二班	4 月 27 日	网络教学—全新的网络教学环境
陈阳	微机一班	5 月 8 日	网络教学—最少投资的网络教学环境
王平	微机二班	5 月 13 日	网络教学—学习、欢乐与您同在

以"学习讨论会参加教师 . DOC"保存在"D:\练习"里。

　　3. 打开"D:\练习"里的主文档"学习讨论会参加教师通知.DOC"。

　　4. 用菜单"工具"→"信函和邮件"→"邮件合并"命令，打开"邮件合并"任务窗格，如图3-52所示。

　　5. 选择"信函"，单击"下一步"选"使用当前文档"，单击"下一步"选"使用现有列表"单击"浏览"，打开"选取数据源"对话框，如图3-53所示。

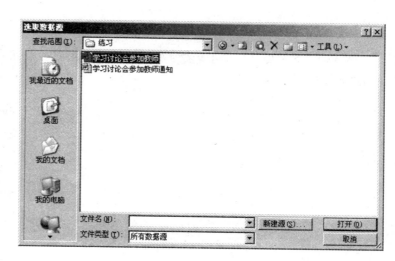

图 3-52　"邮件合并"任务窗格　　　　　　图 3-53　"选取数拒源"对话框

　　在"选取数据源"对话框中打开"学习讨论会参加教师.DOC"，出现"邮件合并收件人"对话框图3-54所示，选择需要的人员名单，单击"确定"。

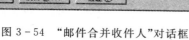

图 3-54　"邮件合并收件人"对话框　　　　　图 3-55　"插入合并域"对话框

　　6. 单击"下一步"，选中文档中"〈姓名〉"，单击"其他项目"打开"插入合并域"对话框，如图3-55所示。

　　选域名"姓名"，单击"插入"按钮后，再单击"关闭"按钮，如此反复，插入"参加时间"、"班级"、"活动主题"等域。结果如图3-56所示。

《姓名》老师：

　　　请于《参加时间》到《班级》参加以《活动主题》为主题的学习讨论活动。望您准时参加指导。

　　　特此通知

　　　　　　　　　　　　　　　　　　　　　　　　　　　　信息工程系

　　　　　　　　　　　　　　　　　　　　　　　　　　　　2006 - 4 - 16

图 3 - 56　插入合并域后效果图

7. 单击"下一步"后，单击 `<< 收件人：1 >>` 向前、向后按钮观察所生成的邮件，满意后单击"下一步"完成邮件合并。

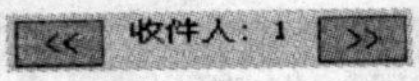

第 4 章　Excel 2003 电子表格处理

要 点 精 讲

电子表格处理软件 Excel 2003 是微软公司出品的 Office 2003 系列办公软件中的一个组件,可以用来制作电子表格,完成许多复杂的数据运算,进行数据的分析和预测并且具有强大的制作图表的功能。

通过本章的学习我们能够掌握以下知识和功能:电子表格的基本概念,单元格、工作表以及工作簿相关的处理技术,数据的排序、筛选以及汇总方法等。并了解图表的建立方法、函数的应用等。

1. Excel2003 基础知识

了解工作簿窗口的组成,掌握 Excel 系统有关概念:(1)工作簿:是指在 Excel 环境中用来贮存并处理工作数据的文件;(2)工作表:是工作簿中的一页;(3)单元格:是工作表中的方格;(4)单元格地址:在工作表中,每个单元格都有其固定的地址;(5)活动单元格:是指当前正在使用的单元格。

2. 数据输入

包括单元格数据的直接输入,数据自动输入,在数据自动输入时用户自定义序列数据。

3. 使用公式与函数

熟练掌握公式的使用方法,在使用函数过程中很多情况下都要引用单元格,因此掌握单元格的引用方法是很重要的,利用条件格式为单元格根据输入的数据自动设置格式。

4. 工作表的基本操作

工作表的操作包括选取工作表、删除工作表、插入工作表、重命名工作表、复制工作表和移动工作表等。

5. 图表

图表可以直观地表示数值型数据之间的关系,熟练掌握创建和编辑图表的方法,并对图表进行格式化的设置。

6. 数据分析

Excel 2003 数据分析功能是其亮点,数据排序可以进行多重排序,数据筛选相当数据查寻可把满足条件的行数据显示出来而隐藏起来,分类汇总可以对数据进行统计。

7. 数据透视表

分类汇总一般按一个字段进行统计;若要按多个字段统计,则可利用数据透视表实现。

8. 页面设置

电子版的文档在很多情况下是要通过纸介质来输出的,在打印前还要进行页面格式化排版,添加页眉和页脚,设置页边距等。在打印前还要对文档及打印机进行设置。

实验一 Excel 2003 基本操作

【实验目的】

1. 掌握 Excel2003 的启动与退出的方法；

2. 熟悉 Excel 工作窗口组成；

3. 掌握创建工作簿和数据的输入方法；

4. 熟练掌握 Excel 文档的创建和保存的方法与步骤。

【实验内容】

1. 启动 Excel 程序；

2. 认识 Excel 工作窗口组成；

3. 创建工作簿并在工作表中输入数据；

4. 保存 Excel 工作簿；

5. 打开工作簿；

6. 退出 Excel 程序。

【实验环境】

1. 安装了 Windows 2000 Professional(或 server)操作系统的计算机一台,并已安装了 Microsoft Office 2003 应用程序；

2. 在"D:\"盘建有文件夹"练习"。

【实验步骤】

一、启动 Excel 程序

任务描述：

启动 Microsoft Excel 2003 应用程序。

操作提示：

启动 Excel 有如下方法：

1. "开始"→"程序"→"Microsoft Office"→"Microsoft Excel 2003"。

2. 利用桌面快捷方式(如没有,可以自己创建)。

3. 利用打开已存在的 Excel 文档。当打开现有 Excel 文档时,系统将首先启动 Excel 程序,再打开文档,从而使 Excel 文档处于编辑状态。

4. 利用"我的电脑"或"资源管理器"打开"C:\Program Files\Microsoft Office\OFFICE11"运行"EXCEL.EXE"。

二、认识 Excel 工作窗口组成

任务描述：

1. 在打开的 Excel 窗口中找到标题栏、菜单栏、工具栏、编辑栏、名称框、状态栏、工作表编辑区、工作表选择区；

2. 打开"帮助"任务窗格再关闭；

3. 把格式工具栏移到工作表编辑区。

操 作 提 示 :

1. Excel 窗口中组成如图 4-1 所示

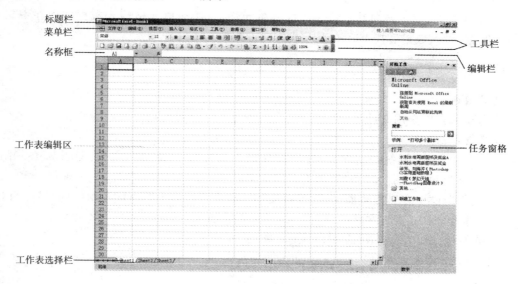

图 4-1　Microsoft Office Excel 主界面

2. 打开"帮助"任务窗格有如下三种方法

(1)"帮助"→"Microsoft Excel 帮助(H)";

(2)按功能键区的 F1;

(3)用菜单"视图"→"任务窗格"命令,再单击其标题栏选"帮助"。

关闭"任务窗格"可以通过窗格右上角的 ✖ 按钮。或菜单"视图"→"任务窗格"去掉前的"√"。

3. 工具栏的移动

用左键按住工具栏左边的移动控点┊,拖动鼠标至新位置即可。

三、创建工作簿并在工作表中输入数据

任 务 描 述 :

新建工作簿并在其中建立如图 4-2 所示内容的工作表。

次序	星期	人员
1	星期一	明星
2	星期二	徐伟华

图 4-2

操 作 提 示 :

1. 新建工作簿

(1)启动 Excel 时,已自动创建名为"book1"的新文档;

(2)用菜单"文件"→"新建"命令,打开"新建工作簿"窗口,从中选择相应方式;

(3)单击"常用"工具栏上"新建" □ 按钮；

(4)Ctrl＋N。

2. 输入数据,单击要向其中输入数据的单元格,直接在单元格输入数据或者在编辑框内输入数据,键入数据后按 Enter、Tab 或方向键跳转至下一个单元格。

四、保存文档

任务描述:

将新建的工作簿用文件名"练习 1. xls"保存到"D:\练习"内。

操作提示:

1. 关闭文档时,系统提示保存,然后选择保存位置"D:\练习"、类型"Microsoft Office Excel 工作簿",键入文件名"练习"单击保存即可。

2. "文件"→"保存"(覆盖原文档,保存文档的副本可以单击"文件"菜单中的"另存为"命令,在"文件名"框中,键入文件的新名称,单击"保存"即可)。

3. 单击"常用"工具栏用上"保存" 🖫 按钮(覆盖原文档)。

4. Ctrl＋S(覆盖原文档,与 2、3 中的作用相同)。

五、打开工作簿

任务描述:

打开在保存的工作簿"练习 1. xls"。

操作提示:

可用以下方法(类似于 Word):

1. 在 Excel 窗口中,用菜单"文件"→"打开",在"打开"对话框中找到文件"练习 1. xls",单击"打开"按钮；

2. 在 Excel 窗口中,单击常用工具栏中 🗁 按钮；

3. 在 Excel 窗口中,用 Ctrl＋O;

4. 在"我的电脑"里找到文件所在的位置,双击鼠标或单击右键选"打开";

5. 使用搜索,找到文件,同方法 4 一样操作即可。

六、退出 Excel 程序

任务描述:

退出 Microsoft Excel 2003 应用程序。

操作提示:

类似于 Word 可用以下方法:

1. 单击工作簿窗口右上角的"关闭"按钮；

2. "文件"→"退出";

3. 双击窗口标题栏左上角的"控制菜单"按钮；

4. Alt＋F4。

实验二　工作表的基本操作

【实验目的】

1. 掌握 Excel 2003 中输入各种类型数据及公式的方法；

2. 掌握 Excel 2003 的数据填充功能中的等比等差填充；

3. 熟练掌握单元格的操作和设置，单元格、行、列的插入、删除操作。

【实验内容】

1. 输入数据；

2. 自动填充数据；

3. 选定单元格、操作区域并命名；

4. 设置单元格格式；

5. 删除单元格、行和列的内容；

6. 插入单元格、行和列；

7. 编辑数据。

【实验环境】

1. 安装了 Windows 2000 Professional(或 server)操作系统的计算机一台，并已安装了 Microsoft Office 2003 应用程序；

2. 在"D:\"盘建有文件夹"练习"。

【实验步骤】

一、输入数据

任务描述：

1. 新建文档"练习 2. xls"，保存在"D:\练习"内；

2. 在"练习 2. xls"的 Sheet1 中输入以下数据。如图 4－3 所示。

	A	B	C	D	E	F	G
4	学号	姓名	入学成绩	出生日期	联系电话	家庭住址	
5	061266001	张三	419	1988-10-5	0551-3333333		
6	061266002	李四	428	1987-6-10	0564-5666666		
7	061266003						
8	061266004						
9	061266005						
10							

图 4－3　实验结果(局部)

操作提示：

1. 文本：选择 A1 单元格，输入文本"学号"，再依次在 B1、C1、D1、E1、F1 内输入"姓名"、"入学成绩"、"出生日期"、"联系电话"等；

2. 特殊文本：数字作为文本，如各种号码。在输入时要先输入单引号(后面还要学习其他方法)，如这里的学号"'061266001"等；

3. 数字：直接输入数字，如"419"、"428"等；

4. 姓名、出生日期、联系电话和家庭住址的值均是文本可直接输入。

二、自动填充数据

任务描述：

输入数据，该班有 45 人，用 Excel 自动填充功能生成所有学号。

操作提示：

对于有规律的一批数据，例如等差、等比数列，可以使用自动填充功能：

1. 在输入了第一个学号敲 Enter 后，将鼠标指向该单元格右下角，就会出现自动填充柄"＋"的符号，然后拖动即可。

2. 填充等差、等比数据

(1) 在输入了第一个单元格的内容后；

(2) 指向这个单元格右下角，出现自动填充柄符号"＋"；

(3) 按下右键拖拽填充柄到结束；

(4) 放开右键，在出现的快捷菜单中选相应的项，如选"序列"会出如图 4-4 的对话框，以后操作就容易了（步长值就是公差或公比）。

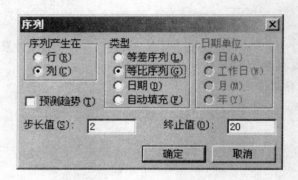

图 4-4　填充"序列"对话框

说明：也可在输入了第一个单元格的内容后，选菜单"编辑"→"填充"→"序列"中相应的项，以后操作同上。

3. 自动填充序列和自定义序列

(1) 自动填充序列

例如：甲、乙、丙 . . . ；一月、二月 . . . ；星期一、星期二 . . . 等；

填充方法：输入一个数据，利用自动填充柄拖拽到结束位置。

(2) 自定义填充序列

自动填充"第一名、第二名……"

①"工具"→"选项"→"自定义序列"；

②在输入序列框依次输入序列，之间用逗号分隔或用回车换行；

③输入完毕后单击添加，就可以把自定义的新序列添加到自动填充序列中，如图 4-5 所示；

④ 单击需输入序列的第一个单元格，并输入序列中的某一个数据；

⑤拖动填充柄"＋"到结束位置。

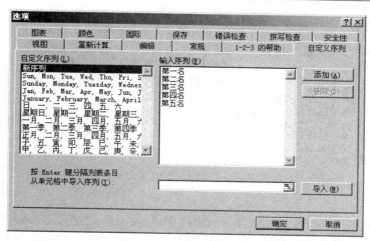

图 4 - 5 "选项"对话框

三、选定单元格、操作区域并命名

任务描述：

1. 选定单个单元格、连续多个单元格、多个不连续单元格、整行、整列、全部单元格，选定一个矩形区域，选定不相邻的矩形区域；

2. 将 C3:G47 命名为"分数"。

操作提示：

1. 选定单元格和区域

(1)单个单元格：单击所需的单元格；

(2)连续多个单元格：单击首(或末)单元格，Shift＋单击末(或首)单元格；

(3)多个不连续单元格：Ctrl＋单击单元格；

(4)整行或整列：单击行头或列头；

(5)全部单元格：单击行头、列头相交的"全选"按钮；

(6)选定一个矩形区域：用鼠标在工作表编辑区中按左键拖动；

(7)选定不相邻的矩形区域：选定一个矩形区域后按 ctrl 键再选定另一个。

2. 单元格或区域的命名

单元格的命名和区域的命名是一样的。

(1)先选取要命名的单元格或区域；

(2)命名有下面两种方法：

方法一：单击名称框输入名称后敲回车。

方法二：用菜单"插入"→"名称"→"定义"，在"定义"对话框中输入名称即可。

说明：以后可用该名称查找相应的单元格或区域。

四、设置单元格格式、合并单元格

任务描述：

打开 Excel 在表格内输入内容，并做如下单元格设置，最后结果(局部)如图 4 - 6 所示，并把文件命名为"06 新生档案",保存在"d:\练习"内。

06级学生档案					
学号	姓名	入学成绩	出生日期	联系电话	家庭住址
061266001	崔同方	419	1988-10-5	0551-3333333	
061266002	王成	428	1987-6-10	0564-5666666	
061266003	刘进竹	408	1989-5-19	0561-3677777	
061266004	乔乔	397	1987-10-2	0558-6322222	
061266005	李爱华	402	1988-7-27	0556-8655555	

图 4-6　实验结果(局部)

操作提示:

设置单元格格式和合并单元格都可以通过菜单"格式"→"单元格",在"单元格格式"对话框中完成或用格式工具栏中相应按钮,也可在其上单击右键选"设置单元格格式"菜单项。

1. 标题

(1)选定 A1~F1,单击格式工具栏的 按钮,合并单元格。或用菜单"格式"→"单元格",在"单元格格式"对话框中,选"对齐"选项卡勾选"合并单元格"。

(2)在"单元格格式"对话框中,选"字体"选项卡,设置字体为华文隶书,字号 20,输入相应文字;或在格式工具栏中选字体、字号。

2. 数字的格式

(1)选"数字"选项卡的"分类"里有需要的各种数字格式,默认是"常规",如图 4-7 所示;

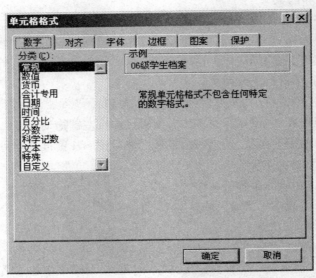

图 4-7　"单元格格式"对话框

(2)在如图 4-6 所示表中,对于学号列,虽然由数字构成,但开头有数值 0,如果选择数值型就会把开头的"0"截断,所以要先选中此列,通过"格式"→"单元格"设置数字分类为文本;

(3)出生日期列中,直接按照日期格式输入后,数字格式自动设置为"日期"。

3. 单元格对齐

(1)"对齐"选项卡设置对齐方式,有水平对齐方式和垂直对齐方式;

(2)选中 A2~F2,把两种对齐方式都设置为居中。

4. 设置字体

选中第一个单元格,通过单元格格式,将字体设置为楷体,字号为 28,颜色为黑色。

5. 添加内外边框

(1)"工具"→"选项",在"视图"选项卡"窗口选项"中的"网格线"复选框取消(也可不取消,本例未取消);

(2)选取要加框线的区域;

(3)用菜单"格式"→"单元格"命令,在"单元格格式"的"边框"选项卡中,设线条样式选择双线,颜色为红色,然后选中外边框;再把线条样式改为单线,颜色为蓝色,选中预置中的内部。如图 4-8 所示。

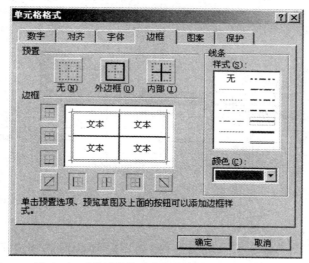

图 4-8 "单元格格式"对话框的"边框"选项卡

6. 设置单元格或区域的图案和颜色

(1)选中 A2~F2 区域;

(2)"格式"→"单元格",在"图案"选项卡中,单元格底纹的颜色为淡紫色。如图 4-9 所示。

7. 保存文档

说明:以上设置大多可直接单击格式工具栏的相应按钮。

五、删除单元格、行和列的内容

任务描述:

打开第四步保存的文档"06 新生档案",完成以下任务:

1. 清除学号为"061266003"一行的内容;

2. 删除"家庭住址"一列;

3. 清除标题栏的格式。最后结果如图 4-10 所示。

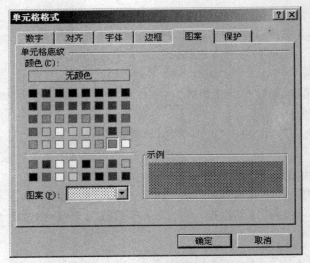

图 4-9　"单元格格式"对话框的"图案"选项卡

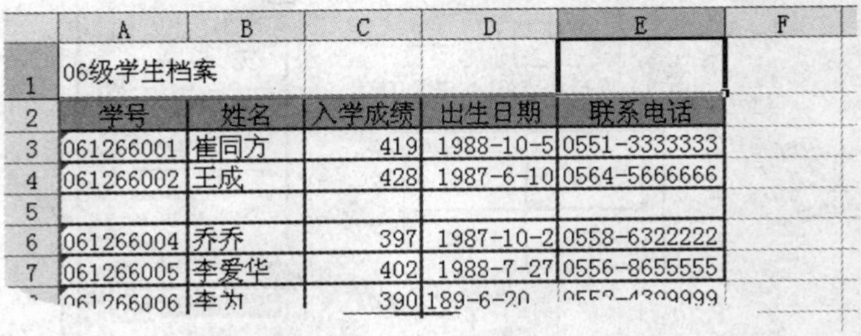

	A	B	C	D	E	F
1	06级学生档案					
2	学号	姓名	入学成绩	出生日期	联系电话	
3	061266001	崔同方	419	1988-10-5	0551-3333333	
4	061266002	王成	428	1987-6-10	0564-5666666	
5						
6	061266004	乔乔	397	1987-10-2	0558-6322222	
7	061266005	李爱华	402	1988-7-27	0556-8655555	
8	061266006	李为	390	189-6-20	0552-4399999	

图 4-10　实验结果(局部)

操作提示:

删除通过"编辑"→"删除",清除通过"编辑"→"清除",选相应项(清除内容快捷键 Delete),也可在其上单击右键选相应菜单项。

1. 选取第 5 行区域后按 del 键或菜单"编辑"→"清除"→"全部"(或"内容");

2. 选定 F 列中任一单元格(或选 F 列以无"删除"对话框出现),菜单"编辑"→"删除"命令,出现"删除"对话框,如图 4-11 所示,根据需要选择;

3. 选取第 1 行区域后,用菜单"编辑"→"清除"→"格式"命令。

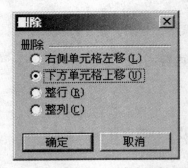

图 4-11　"删除"单元格对话框

六、插入单元格、行和列

任务描述：

打开保存的文档"06 新生档案"，完成以下任务：

1. 在姓名一列后插入一列"性别"，并输入相应内容；

2. 在 D7 插入一单元格。最后结果（局部）如图 4 - 12 所示。

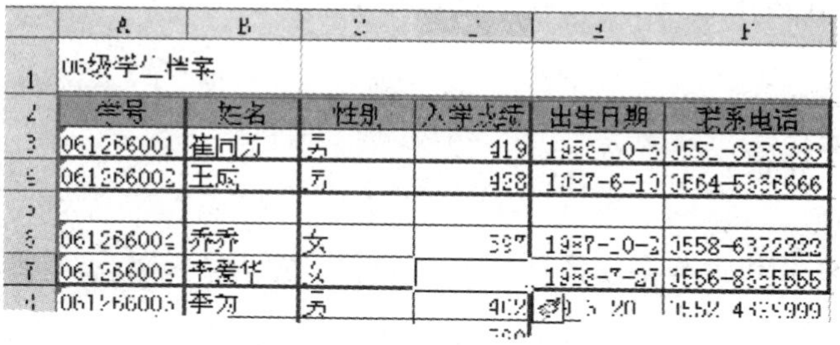

图 4 - 12　实验结果（局部）

操作提示：

插入单元格、行和列，有以下两种方法：

1. 首先选定插入的位置，再从"插入"菜单下选择"单元格"、"行"或"列"命令；

2. 首先选定插入的位置，然后单击右键，在弹出的快捷菜单中选择。

七、编辑数据

任务描述：

选中上述"06 级学生档案"中的 D3 单元格，完成以下任务：

1. 把"419"修改为"429"；

2. 对其中的数据"429"进行"删除"操作，对单元格的格式进行"清除"操作；

3. 在其中输入数据"419"后对此单元格进行"移动"练习。

操作提示：

1. 修改

(1)单击要修改的单元格，在"编辑框"内修改；

(2)双击单元格，直接在单元格修改。

2. 清除

(1)选取要清除的区域，"编辑"→"清除"，选择"全部、格式、内容、批注"；

(2)选取清除区域后，按 Del 键。

3. 删除

(1)选取删除区域，"编辑"→"删除"；

(2)删除区域后选择单元格填入方式。

4. 移动

(1)剪切＋粘贴；

(2)把鼠标放在单元格边框处，当鼠标变成头部有四个方向键形状时，直接拖拽。

实验三　工作表的编辑

【实验目的】

1. 掌握工作表的选取、重命名、插入和删除等操作；
2. 熟悉表格的修饰和格式的自动套用功能；
3. 熟练掌握工作表中行高、列宽调整及合并单元格。

【实验内容】

1. 增加、插入与删除工作表；
2. 复制、移动工作表；
3. 创建表格；
4. 调整行高、列宽和合并单元格；
5. 修饰表格；
6. 使用自动套用格式功能。

【实验环境】

1. 安装了 Windows 2000 Professional(或 server)操作系统的计算机一台，并已安装了 Microsoft Office 2003 应用程序；
2. 在"D:\"盘建有文件夹"练习"；
3. 在"D:\练习"文件夹下建有"06 新生档案 . xls"文档。

【实验步骤】

一、选取、重命名、插入和删除工作表

任务描述：

打开"D:\练习\06 新生档案"工作簿，完成以下任务：

1. 选取 Sheet1 工作表，重命名为"学生档案"；
2. 插入新工作表 Sheet4，然后再将其删除。

操作提示：

1. 选取工作表

单个，直接单击工作标签"Sheet1"；连续多个，先选取第一个工作表标签"Sheet1"按住 Shift 键单击最后一个"Sheet3"；不连续多个，配合 Ctrl 键选择；选取全部工作表可以在标签处点右键选择。

2. 重命名工作表

双击标签"Sheet1"(或标签位置处单击右键，在弹出的快捷菜单中选择"重命名"命令)，输入新名字"学生档案"。

3. 插入工作表

插入单张工作表，选取插入工作表的位置"Sheet1"，用菜单"插入"→"工作表"命令，或者在要插入工作表的标签位置处单击右键，在弹出的快捷菜单中选择"插入"命令，为工作表添加了"Sheet4"工作表；添加多张工作表，确定要添加的数目或工作表，按住 Shift，然后在打开的工作簿中选择要添加的相同数目的现有工作表标签，单击"插入"菜单上的"工作表"。

4. 删除工作表

选取要删除的工作表"sheet4"，执行菜单"编辑"→"删除工作表"命令，或者在工作表标签处单击右键，在出现的快捷菜单中选择"删除"命令。

二、复制、移动工作表

任务描述：

1. 新建"学生档案. xls"，保存到"D:\练习"文件夹下；

2. 复制"学生档案"工作表到"学生档案. xls"并命名为"学生成绩表"；

3. 在"学生档案. xls"工作簿内移动"学生成绩表"工作表到 Sheet1 前。

操作提示：

1. 按上文所述方法新建和保存"学生档案. xls"。

2. 工作簿之间的复制和移动工作表：

(1)在"06 新生档案"中选取"学生档案"工作表标签；

(2)用菜单"编辑"→"移动或复制工作表"命令（选中"建立副本"复选框为复制，否则为移动），在"工作簿"中，选择"学生档案"，选择"移至最后"，如图 4-13 所示；

图 4-13　"移动或复制工作表"对话框

说明：在工作表标签处右击，在弹出的快捷菜单中选"移动或复制工作表"，也可以实现工作表的移动和复制。

(3)重命名为"学生成绩表"。

3. 在工作簿内部的复制和移动。

还有如下方法：

(1)复制：Ctrl＋拖拽工作表标签；

(2)移动：选中工作表标签直接拖拽。

说明：可以使用工作簿之间复制和移动工作表的方法，来实现工作簿内部复制和移动工作表。

三、调整行高、列宽

任务描述：

在"06 新生档案"工作簿中，对"学生档案"工作表继续完成以下任务：

1. 设置第一行的行高为 36 磅;

2. 设置 F 列的列宽为 15 磅。

操作提示:

1. 选中"学生成绩表"的第一行;

2. 用菜单"格式"→"行"→"行高"命令,或单击右键,在出现的快捷菜单中选择行高或列宽后,输入磅值 36;或直接拖动行(列)标中的线条也可调整行高(列宽);

3. 在行或列命令下有以下几种选择,其中"行高"(列宽)可以打开行高或列宽对话框,"最合适的行高"(列宽)可以把行高根据内容调整到合适的高和宽,"列宽"命令下的"标准列宽"是根据系统设置,把列宽设置为标准宽度。

四、修饰表格

任务描述:

在"06 新生档案"工作簿中,对"学生档案"工作表继续完成以下任务:

1. 设置第二行的字体为"华文新魏"字号为 14;

2. 对 A2:A47 区域设置图案为绿色、细水平剖面线,最后结果如图 4-14 所示(局部)。

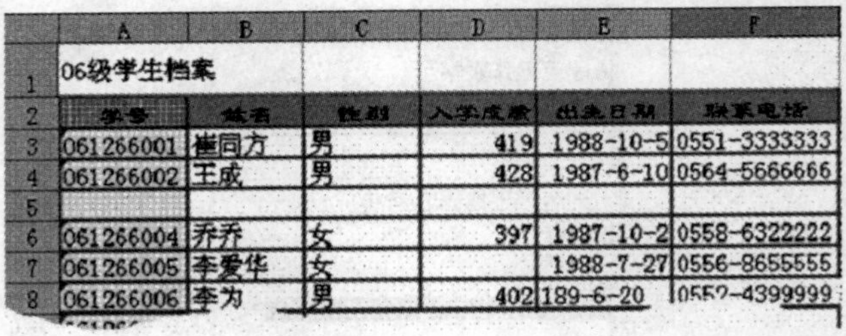

图 4-14 实验结果(局部)

操作提示:

1. 选定需格式化的单元格或区域;

2. 用菜单"格式"→"单元格"命令,打开"单元格格式"对话框,如图 4-15 所示;

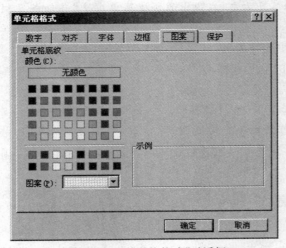

图 4-15 "单元格格式"对话框

3. 五种格式标签：数字、对齐、字体、边框和图案，可以根据个人所需设置所需要的格式。

五、使用自动套用格式功能

任务描述：

在"06 新生档案"工作簿中，将"学生档案"工作表的 A2:F47 单元格的格式设为"自动套用格式"中的"三维效果 2"。

操作提示：

1. 选定需格式化的区域 A2:F47；

2. 用菜单"格式"→"自动套用格式"命令，打开"自动套用格式"对话框，如图 4 - 16 所示；

3. 选择"三维效果 2"。

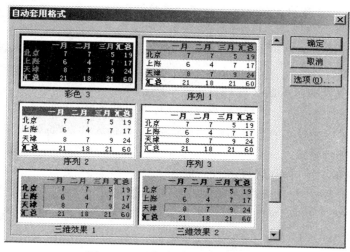

图 4 - 16　"自动套用格式"对话框

实验四　使用公式与函数

【实验目的】

1. 掌握函数的使用和输入方法；

2. 掌握公式的创建方法；

3. 熟悉文档的保护功能。

【实验内容】

1. 设置数据的有效范围；

2. 使用函数；

3. 创建嵌套公式；

4. 使用条件格式，醒目显示重要数据；

5. 使用数据保护功能，防止他人修改和误操作。

【实验环境】

1. 安装了 Windows 2000 Professional(或 server)操作系统的计算机一台,并已安装了 Microsoft Office 2003 应用程序;

2. 在"D:\"盘建有文件夹"练习";

3. 在"D:\练习"文件夹下建有"学生档案.xls"和"06 新生档案.xls"文档。

【实验步骤】

一、设置数据的有效范围

任务描述:

打开"06 新生档案.xls",选择"学生档案"工作表完成以下任务:

1. 设置"入学成绩"列的分数设置为在 350～500 之间的整数有效;

2. 输入时的提示"信息"设为"350 到 500 之间的整数";

3. 出错警告设为"请输入 350 到 500 之间的整数"。

操作提示:

设置数据的有效范围是指在输入数据时,对数据类型和范围设置输入提示、输入有效检查和出错时给出警告。

1. 选取要定义有效数据的区域;

2. 用菜单"数据"→"有效数据"命令,打开"数据有效性"对话框;

3. "设置"标签用来设置有效性(数据类型,范围),"输入信息"标签设置输入时提示,"错误警告"标签(出错时提示)。

(1)本实验选取 D3－D47 区域;

(2)在"数据有效性"对话框中选"设置"标签,设置如图 4－17 所示;选"输入信息"标签设置"标题"及其"输入信息"如图 4－17 所示;选"出错警告"标签后选择"样式",输入"标题"和"出错信息",如图 4－17 所示;

(3)确定。

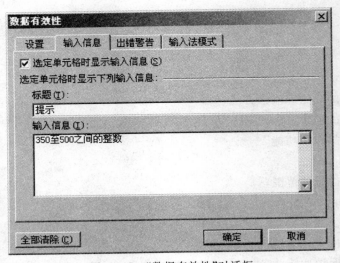

图 4－17　"数据有效性"对话框

二、使用函数和复制单元格

任务描述：

在"06新生档案"工作簿中，选择 Sheet2 工作表，完成以下任务：

1. 将工作表命名为"学生成绩表"；

2. 在工作表中输入数据，如图4-18所示，其中学号、姓名两列要求从"学生档案"工作表中复制；

	A	B	C	D	E	F	G	H
1				学生成绩表				
2	学号	姓名	高数	大学英语	计算机	毛概	总分	评价
3	061266001	崔同方	75	85	88	85		
4	061266002	王成	78	86	85	82		
5	061266004	乔乔	85	92	79	95		
6	061266005	李爱华	52	63	78	62		
7	061266006	李为	95	75	82	63		
8	061266007	刘进竹	96	67	89	85		

图4-18　实验结果（局部）

3. 用自动求和函数和填充功能求出"总分"列；

4. 使用 IF 函数计算当总分大于320，在 H 列对应位置输入"优秀"，否则为"合格"，最后结果如图4-19所示。

	A	B	C	D	E	F	G	H
1				学生成绩表				
2	学号	姓名	高数	大学英语	计算机	毛概	总分	评价
3	061266001	崔同方	75	85	88	85	333	优秀
4	061266002	王成	78	86	85	82	331	优秀
5	061266004	乔乔	85	92	79	95	351	优秀
6	061266005	李爱华	52	63	78	62	255	合格
7	061266006	李为	95	75	82	63	315	合格
8	061266007	刘进竹	86	67	89	85	327	优秀

图4-19　实验结果（局部）

操作提示：

1. 选择工作表 Sheet2 后，重命名为"学生成绩表"，切换到"学生档案"工作表，选取 A2:B47 区域，用类似于 Word 复制对象的方法复制到"学生成绩表"A2:B47 区域。

说明：复制时要求目标区域与源区域大小一致。

2. 使用自定义求和函数

（1）先输入数据；

（2）选取存放结果的单元格，如 G3；

（3）单击编辑栏上的"fx"（或用菜单"插入"→"函数"命令），编辑栏上会出现"＝"并同时打开"插入函数"对话框，如图4-20所示；

（4）选择常用函数下的"sum"函数，单击"确定"按钮；

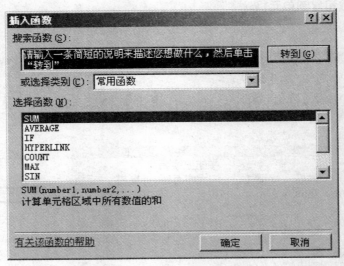

图 4 - 20 "插入函数"对话框

(5)弹出"函数参数"对话框,如图 4 - 21 所示,在"number1"文本框中输入"C3:F3"(或单击"number1"文本框后的 ![按钮] 按钮,用鼠标拖动选取"C3:F3"区域,再单击图 4 - 22 的 ![按钮] 按钮返回到图 4 - 21 的对话框,如还要添加区域,可单击"number2"文本框后的 ![按钮] 按钮,以此类推)。单击"确定"按钮后可以在 G3 内看到求和结果。

注意:输入 C3:F3 时的":"一定要是英文状态下的符号,如图 4 - 21 所示。

(6)要计算其他学生的总分列,可以使用自动填充柄向下拖动。

说明:计算总分也可以使用公式,选单元格 G2 在编辑栏内直接输入"=D2+E2+F2"回车即可,使用填充柄拖动也可以完成其他学生的总分列计算。

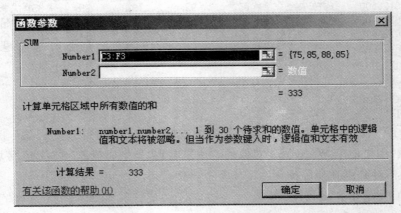

图 4 - 21 "函数参数"对话框

图 4 - 22 "函数参数"对话框

3. 自动计算

(1)选取计算区域,如 D3:D8;

(2)在状态栏单击右键,快捷菜单选择某计算功能;

(3)在状态栏显示计算结果。

说明:自动计算功能有求和、均值、最大值、最小值、计数和数值计数。

4. 使用 IF 函数

(1)选中 H3 单元格;

(2)用菜单"插入"→"函数"命令,在"插入函数"对话框中选 IF 函数,在出现的"函数参数"对话框中输入表达式(其中"Logical_test"——条件,"Value_if_true"——条件能满足时的值,"Value_if_false"——条件不能满足时的值),如图 4-23 所示;

注意:值"优秀"和"合格"是文本,输入时必须加双引号。

(3)使用填充柄拖动可以完成其他学生的评价列计算。

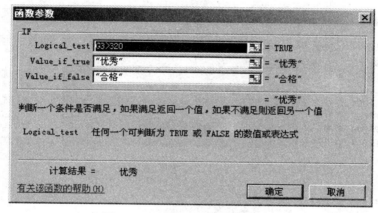

图 4-23　选择"函数参数"对话框

三、创建嵌套公式

任务描述:

对"学生成绩表"工作表完成以下任务:

1. 在标题下方插入一行,用来计算各科的平均分;

2. 在 G3 单元格内填入如果总平均值大于80,那么返回各科的平均和,否则返回0。最后结果如图 4-24 所示。

	A	B	C	D	E	F	G	H
1					06级学生档案			
2	学号	姓名	高数	大学英语	计算机	毛概	总分	评价
3	平均分		78.5	78	83.5	78.66666667	0	
4	061266001	崔同方	75	85	88	85	333	优秀
5	061266002	王成	78	86	85	82	331	优秀
6	061266004	乔乔	85	92	79	95	351	优秀
7	061266005	李爱华	52	63	78	62	255	合格
8	061266006	李为	95	75	82	63	315	合格
9	061266007	刘进竹	86	67	89	85	327	优秀

图 4-24　实验结果(局部)

操作提示：

1. 选取行 3，插入一行即可；

2. 公式的创建，详见实验二的实验内容 2；

3. 创建嵌套公式。

嵌套是指一个函数里的参数也是一个函数。选中 G3 在其中输入＝IF（AVERAGE（C3：F3）＞80，SUM（C3：F3），0），含义是如果 C3 到 F3 单元格的平均值大于 80，那么返回 C3 到 F3 单元格的和，否则返回 0。

四、使用条件格式，醒目显示重要数据

任务描述：

1. 凡分数不及格的用粗体倾斜红色字体显示；

2. 凡分数大于 85 的用蓝色粗体和单下划线显示，最后结果如图 4-25 所示。

	A	B	C	D	E	F	G	H
1					06级学生档案			
2	学号	姓名	高数	大学英语	计算机	毛概	总分	评价
3	平均分		78.5	78	83.5	78.66666667	0	
4	061266001	崔同方	75	85	88	85	333	优秀
5	061266002	王成	78	86	85	82	331	优秀
6	061266004	乔乔	85	92	79	95	351	优秀
7	061266005	李爱华	52	63	78	62	255	合格
8	061266006	李为	95	75	82	63	315	合格
9	061266007	刘进竹	86	67	89	85	327	优秀

图 4-25　实验结果（局部）

操作提示：

条件格式是指根据设置的条件动态地为单元格自动设置格式。

1. 选中 C4～F48 区域。

2. 用菜单"格式"→"条件格式"命令，在"条件格式"对话框内设置，如图 4-26 所示。

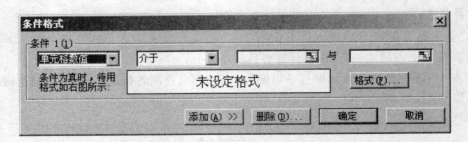

图 4-26　"条件格式"对话框

3. 单击文本框后的 📉 按钮，可用鼠标选取单元格，再单击 按钮返回，确定条件，或直接输入数值。同一区域的多个条件可单击"添加"按钮，再设置下一个条件，以此类推，如图 4-27 所示。

4. 最后单击"确定"按钮。

图 4 - 27　"条件格式"对话框

五、使用数据保护功能，防止他人修改和误操作

任务描述：

1. 打开"06 新生档案 . xls"，保护"学生档案"工作表，使用户只能执行选取区域操作；
2. 保护"学生成绩表"工作表中的数据区域，允许用户在输入密码后可操作此区域；
3. 保护"06 新生档案 . xls"工作簿，不允许更改工作簿结构。

操作提示：

1. 保护工作表

（1）选择要保护的"学生档案"工作表；

（2）用菜单"工具"→"保护"→"保护工作表"命令，打开"保护工作表"对话框。

在"保护工作表"对话框中勾选如图两项，输入密码（记住别忘了），如图 4 - 28 所示。

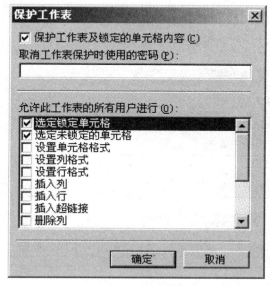

图 4 - 28　"保护工作表"对话框

　　说明：用菜单"工具"→"保护"→"撤销工作表保护"命令可取消工作表的保护状态，但要输入密码。

2. 保护单元格或区域

（1）用"锁定"功能

①选中要保护的区域；

② 用菜单"格式"→"单元格"→"保护"命令，选中"锁定"和"隐藏"复选框；

③ 用菜单"工具"→"保护"→"保护工作表"命令后区域保护起作用。

（2）用"保护"功能

① 用菜单"工具"→"保护"→"允许用户编辑区域"命令，打开"允许用户编辑区域"对话框，如图 4 - 29 所示；

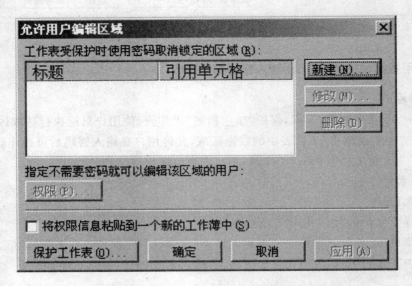

图 4 - 29 "允许用户编辑区域"对话框

②单击"新建"按钮，打开"新区域"对话框，如图 4 - 30 所示；

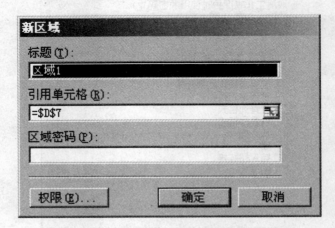

图 4 - 30 "新区域"对话框

③选定要保护的区域输入密码后，单击"确定"按钮，返回"允许用户编辑区域"对话框，单击"权限"按钮，打开"区域权限"对话框，如图 4 - 31 所示；

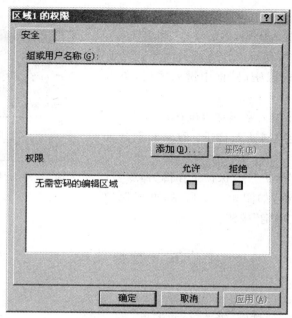

图 4-31　"区域权限"对话框

④添加用户、设置权限后，单击"确定"按钮，返回"允许用户编辑区域"对话框，单击"保护工作表"按钮，转到"保护工作表"对话框；

⑤在"保护工作表"对话框中设置好后，单击"确定"按钮。

说 明:区域保护只有在保护工作表生效后，才起作用。

3. 保护工作簿

(1)用"选项"对话框，限制打开和修改工作簿的操作

① 用菜单"工具"→"选项"命令，打开"选项"对话框中，单击"安全性"标签，如图 4-32 所示；

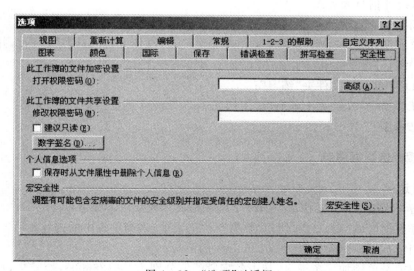

图 4-32　"选项"对话框

② 如果要用户在查看工作簿之前输入密码,请在"打开权限密码"框中键入密码,然后单击"确定";

③ 如果要用户在保存对工作簿所做的更改之前输入密码,请在"修改权限密码"框中键入密码,单击"确定";

④ 提示时,请重新键入密码加以确认。

(2)用"保护"功能限制插入、删除、移动和重命名工作表的操作

用菜单"工具"→"保护"→"保护工作簿"命令,打开"保护工作簿"对话框,如图 4 - 33 所示,选好保护项后,键入密码,单击"确定"按钮。

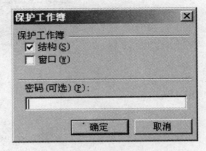

图 4 - 33 "保护工作簿"对话框

实验五　数据管理

【实验目的】

1. 掌握 Excel 数据的排序,筛选,分类汇总;

2. 掌握窗口的拆分和冻结;

3. 熟悉数据透视表和图的制作。

【实验内容】

1. 编辑修饰数据清单;

2. 控制滚动显示区域;

3. 按要求排序;

4. 筛选;

5. 分类汇总;

6. 制作统计信息表和图。

【实验环境】

1. 安装了 Windows 2000 Professional(或 server)操作系统的计算机一台,并已安装了 Microsoft Office 2003 应用程序;

2. 在"D:\"盘建有文件夹"练习";

3. 在"D:\练习"文件夹下建有"学生档案 . xls"和"06 新生档案 . xls"文档。

【实验步骤】

一、编辑修饰数据清单

任务描述:

打开"学生档案 . xls"工作簿,选择"学生成绩表",完成以下任务:

1. 选择数据区域 A2:H47,使用"数据"→"记录单"来浏览表中的内容;

2. 使用"记录单"删除学号为 061266004 的记录;

3. 使用记录单添加一条记录,其中各字段的值分别为"061266003,徐爱华,1982－12－13,85,82,86,72"。

操作提示：

打开"学生档案．xls"文件，选择"学生成绩表"。

1. 浏览记录

(1)选择 A2：H47 单元格区域；

(2)用菜单"数据"→"记录单"命令，弹出学生成绩表"记录单"对话框，如图 4-34 所示；

(3)单击"上一条"、"下一条"按钮，可以把本记录的上一条、下一条内容显示在文本框中。

2. 删除记录

在学生成绩表"记录单"对话框中，单击"上一条"、"下一条"按钮，当显示出现"061266004"记录时，单击"删除"按钮。

3. 添加记录

在学生成绩表"记录单"对话框中，单击"新建"按钮，在文本框中输入相应内容，这些内容就添加到工作表中。

图 4-34　"记录单"对话框

二、控制滚动显示区域

任 务 描 述：

1. 对"学生成绩表"的窗口进行拆分，最后结果如图 4-35 所示；

	A	B	C	D	E	F	G	H
1					06级学生档案			
2	学号	姓名	高数	大学英语	计算机	毛概	总分	评价
3	平均分		78.5	78	83.5	78.66666667	0	
4	061266001	崔同方	75	85	88	85	333	优秀
5	061266002	王成	78	86	85	82	331	优秀
6	061266004	乔乔	85	92	79	95	351	优秀
7	061266005	李爱华	52	63	78	62	255	合格
8	061266006	李为	95	75	82	63	315	合格
9	061266007	刘进竹	86	67	89	85	327	优秀

图 4-35　实验结果(局部)

2. 冻结"学生成绩表"窗口,结果如图 4-36 所示。

	A	B	C	D	E	F	G	H
1					06级学生档案			
2	学号	姓名	高数	大学英语	计算机	毛概	总分	评价
3	平均分		78.5	78	83.5	78.66666667	0	
4	061266001	崔同方	75	85	88	85	333	优秀
5	061266002	王成	78	86	85	82	331	优秀
6	061266004	乔乔	85	92	79	95	351	优秀
7	061266005	李爱华	52	63	78	62	255	合格
8	061266006	李为	95	75	82	63	315	合格
9	061266007	刘世竹	86	67	89	85	327	优秀

图 4-36　实验结果(局部)

操作提示:

1. 拆分窗口

(1)选中 B4 单元格;

(2)用菜单"窗口"→"拆分"命令,在 B4 单元格上面和左边就出现了两条拆分线,将窗口分成内容相同大小固定的 4 个窗口,如图 4-35 所示,在各个窗口中改变显示区试试有什么效果;

(3)用菜单"窗口"→"取消拆分"命令,可取消拆分。

说明:

(1)拖动拆分条也可将窗口分成内容相同大小固定的 2 个窗口(或 4 个窗口);

(2)每个窗口都有相应的滚动条,拖动一下看一看屏幕有什么变化。

2. 冻结窗口

(1)选中 B4 单元格;

(2)用菜单"窗口"→"冻结窗口"命令,如图 4-36 所示,将固定 B4 上方和前方的显示区域而只能改变 B4 所在区域,拖动一下滚动条看一看屏幕有什么变化;

(3)用菜单"窗口"→"取消冻结窗口"命令,解除冻结。

说明: 当查看工作表后面的内容就看不到前面内容时,使用拆分可以很容易地解决这个问题。但当查看工作表后面的内容就看不到行标题和列标题时,使用窗口冻结就可以很好地解决。

三、按要求排序

任务描述:

1. 将"总分"字段按降序给数据区域排序;

2. 按"学号,姓名,总分"三字段对数据区域进行复杂排序(升序)。

操作提示:

排序的字段叫关键字段,最多允许 3 个字段,以主要、次要和第三区分。

1. 简单排序

(1)方法一

①选中要参加排序的区域,A4:H48;

② 用菜单"数据"→"排序"命令,打开"排序"对话框,选择"主要关键字"所在列(G 列),勾选后面"降序"单选框,再勾选"无标题行"单选框,单击"确定"按钮,如图 4-37 所示。

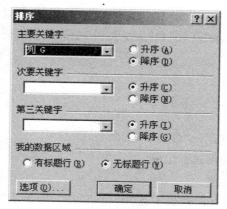

图 4-37　"排序"对话框

（2）方法二

用菜单"数据"→"排序"命令，打开"排序"对话框，选择"主要关键字"的名称（总分），勾选后面"降序"单选框，再勾选"有标题行"单选框，单击"确定"按钮。如图 4-38 所示。

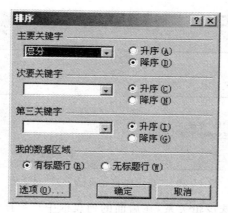

图 4-38　"排序"对话框

注意：这里不要用常用工具栏上的"升序排序" 按钮和"降序排序" 按钮，该按钮按数据区（或选择区域）的第一列进行排序。

2. 复杂排序

方法类似于简单排序，但要选择排序"主要关键字"（"学号"或 A 列）、"次要关键字"（"姓名"或 B 列）和"第三关键字"（"总分"或 G 列），并选择个关键字段的排序原则。

说明：复杂排序先按照"主要关键字"排序，如果主要关键字相同，按照"次要关键字"排序，以此类推；复杂排序中并非要求一定要有三个字段参加，如果只有一个字段，就是简单排序。

四、筛选

任务描述：

选择"学生成绩表"完成以下任务：

1. 使用自动筛选，只显示"学号"为"061266002"的记录；

2. 使用自动筛选，只显示"高数"大于 85 而"大学英语"也大于 85 的记录；

3. 使用自动筛选,只显示"毛概"不小于 85 而小于 95 的记录;

4. 使用高级筛选,只显示"高数"和"大学英语"全部及格的记录。

操作提示:

1. 自动筛选

(1)打开"自动筛选"

①单击数据区域;

②用菜单"数据"→"筛选"→"自动筛选"命令;

③列标题后面出现自动筛选标记▼。

(2)简单筛选

单击"学号"后的 ▼,在下拉列表中选"061266002",则显示"学号"是"061266002"、"姓名"为"王成"的记录。

(3)复杂筛选

①单击"高数"后的 ▼,在下拉列表中选"自定义",则打开"自定义自动筛选方式"对话框,如图 4-39 所示。

图 4-39 "自定义自动筛选方式"对话框

②在前面的列表框中选逻辑关系,在后面的列表框中选数据(或输入数据),单击"确定"按钮,如图 4-40 所示。

用同样方法单击"大学英语"后的 ▼,设置逻辑表达式"大学英语"大于 85。

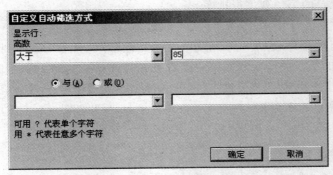

图 4-40 "自定义自动筛选方式"对话框

③用同样方法单击"毛概"后的 ▼,设置逻辑表达式"毛概"大于或等于 85 后;再在"自定义自动筛选方式"对话框下面的两个列表框中设置逻辑关系小于 95;勾选"与"单选框,单

击"确定"按钮,如图 4-41 所示。

图 4-41　"自定义自动筛选方式"对话框

2. 关闭自动筛选

(1)再次用菜单"数据"→"筛选"→"自动筛选"命令,取消了筛选;

(2)用菜单"数据"→"筛选"→"全部显示"命令,筛选还在,只是显示了全部内容;

(3)若要在区域或列表中取消对某一列进行的筛选,请单击该列标题右端的下拉箭头
▼ ,再单击"全部"。

3. 高级筛选

高级筛选有个"条件区域",可以是单列上具有多个条件,多列上具有单个条件,一列有两组以上条件等,我们只介绍"多列上具有单个条件"这种情况。

(1)在条件区域(K3:L4)内输入条件,如图 4-42 所示;

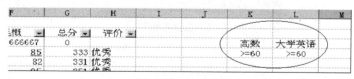

图 4-42　条件区域

(2)选中要参加筛选区域的某个单元格;

(3)用菜单"数据"→"筛选"→"高级筛选"命令,打开"高级筛选"对话框;

(4)在"高级筛选"对话框的"列表区域"中选(如 A2:H48,用绝对引用),"条件区域"选(如 K3:L4,用绝对引用),单击"确定"按钮可看到筛选结果,如图 4-43 所示;

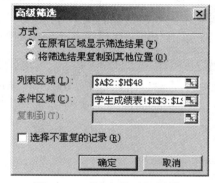

图 4-43　"高级筛选"对话框

(5)如果选中"将筛选结果复制到其他位置"单选框选中,则要选取"复制到"区域,选取的原则是,列要和列表区域的列相同,行可自由定义,确定后可以在表中的其他位置看到筛选结果。

五、分类汇总

任务描述:

1. 复制"学生成绩表"为"学生成绩分类表";

2. 在"学生成绩分类表"删除"平均分"行的内容;

4. 按"评价"字段进行分类汇总,汇总方式是"计数",汇总项有"姓名、评价"。

操作提示:

复制"学生成绩表"为"学生成绩分类表",切换到"学生成绩分类表"工作表,按照"评价"字段对数据区域排序。

1. 基本分类汇总(用于单个字段分类)

(1)单击数据区域;

(2)用菜单"数据"→"分类汇总"命令,弹出"分类汇总"对话框,如图4-44所示;

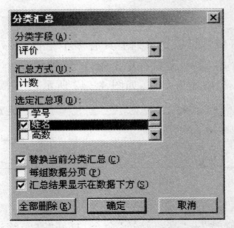

图4-44 "分类汇总"对话框

(3)"分类字段"下拉列表框中有各个列表的选项,"汇总方式"有十几种方式,"选定汇总项"可多个,"替换当前分类汇总"选中,"每组数据分页"复选框选中则把每一组都进行分页,否则不分页,汇总结果显示在数据下方。

设置结果如图4-44所示,单击"确定"按钮。显示结果如图4-45所示。

			A	D	C	D	E	F	G	H
1						06级学生档案				
2			学号	姓名	高数	大学英语	计算机	毛概	总分	评价
3		·	061266005	李爱华	52	63	78	62	255	合格
4		·	061266006	李为	95	75	82	63	315	合格
5					2				合格 计数	2
6		·	061266001	崔同方	75	85	88	85	333	优秀
7		·	061266002	工成	78	86	85	82	331	优秀
8		·	061266004	乔乔	85	92	79	95	351	优秀
9		·	061266007	刘进竹	86	67	89	85	327	优秀
10					4				优秀 计数	4

图4-45 汇总结果(局部)

2. 嵌套分类汇总

也是进行单个字段分类,有多种汇总方式,操作方法同基本分类汇总,对多种汇总方式,要重复多次上述分类汇总操作,第二次汇总以后"替换现有分类汇总"复选框不要选中,分类字段不修改。

3. 清除分类汇总

(1)用菜单"数据"→"分类汇总"命令;

(2)在弹出的"分类汇总"对话框中单击"全部删除"按钮。

注意:"分类汇总"之前必须要对工作表按分类字段"排序"。

六、制作统计信息表和图

任务描述:

为"学生成绩表"制作数据透视表。

操作提示:

分类汇总一般按一个字段进行分类;若要按多个字段分类,则可利用数据透视表实现。

1. 单击数据区域;

2. 用菜单"数据"→"数据透视表和数据透视图"命令,打开"数据透视表和数据透视图"向导;

3. 选择数据源,默认是"Microsoft Office Excel 数据列表或数据库",选择所创建的报表类型,"数据透视表"或"数据透视图",单击"下一步"按钮;

4. 选定区域,单击"下一步"按钮;

5. 选择透视表位置,"新建工作表"或"现有工作表";单击"选项"按钮,可调整选项,单击"布局"按钮,可按提示直接构造数据透视表,单击"完成"按钮;

6. 版式,将分类字段分别拖拽到行字段、列字段和页字段处,汇总字段拖拽到数据区。

说明:"汇总方式"系统默认对非数值(N)型字段计数,数值(N)型字段求和,创建的透视表位置默认为一张新表,也可在同一表中。

实验六　图表的应用

【实验目的】

1. 掌握柱形图创建步骤以及向表中添加数据的方法;

2. 熟悉调整图表中图例的显示位置和向图表中添加图片;

3. 掌握把已建好图表修改为其他类型图表的方法。

【实验内容】

1. 创建柱形图;

2. 向图表添加数据系列;

3. 调整新添加数据的显示位置;

4. 改变图例的位置并为图表加上标题;

5. 将数据系列制成饼图;

6. 向图表中添加图形对象;

7. 绘制折线图。

【实验环境】

1. 安装了 Windows 2000 Professional(或 server)操作系统的计算机一台,并已安装了 Microsoft Office 2003 应用程序;

2. 在"D:\"盘建有文件夹"练习";

3. 在"D:\练习"文件夹下建有"学生档案.xls"文档。

【实验步骤】

一、创建柱形图

任务描述:

打开"学生档案.xls",选择"学生成绩表",完成下列任务:

1. 清除分类汇总,做删除操作,凡重复记录只保留其中一条;

2. 为数据区域创建学生成绩统计的簇状柱形图,结果如图 4-46 所示。

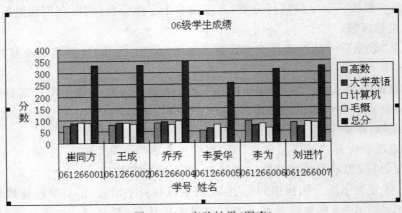

图 4-46　实验结果(图表)

操作提示:

1. 选取数据区域(除前面的列其余的列应都是数值型数据列,此处为 A3:G8),用菜单"插入"→"图表"命令,或单击常用工具栏上的"图表"向导 按钮;

2. 在"图表向导步骤 1"对话框内选择图表类型为"柱形图",子图表类型为"簇状柱形图",单击"下一步"按钮;

3. 在"图表向导步骤 2"对话框内的"数据区域"选卡中,选择"数据区域"(此处为 A3:G8)和"系列产生在"(此处为"列"),单击"下一步"按钮;

4. 在"图表向导步骤 3"对话框内的"标题"选项卡中,输入图表标题"06 级学生成绩"、数值(Y)轴为"分数"、分类(X)轴"学号姓名",单击"下一步"按钮;

5. 在"图表向导步骤 4"对话框内选择"作为其中的对象插入"项,单击"完成"按钮;

6. 对"图表"可以像其他图像和文本框一样进行进行修改。也可先选取"图表"(在其上单击),再用菜单"图表"→"图表选项"命令,利用"图表选项"对话框进行修改。

用菜单"图表"→"图表类型"命令,利用"图表类型"对话框修改其类型。

二、向图表添加数据系列

任务描述：

1. 选择"学生成绩表"工作表中，在"总分"之前添加"语文"一列；

2. 在"语文"一列依次输入 78、79、95、92、99、80，把此列数据添加到图表中，最后结果如图 4 - 47 所示。

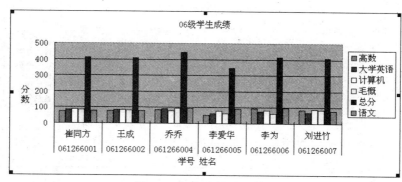

图 4 - 47 实验结果（图表）

操作提示：

选取"总分"列，插入一列，并依次在 G2:G8 中输入语文、78、79、95、92、99、80。

1. 通过菜单

(1)选中图表，用菜单"图表"→"添加数据"命令，打开"添加数据"对话框；

(2)直接选择待添加数据的单元格(此处为 G2:G8)，单击"确定"按钮。

2. 通过复制和粘贴向图表添加数据

(1)选择含有待添加数据的单元格(此处为 G2:G8)，如果希望新数据的行列标志也显示在图表中，则选定区域还应包括含有标志的单元格(G2)。

(2)执行"复制"操作。

(3)单击图表，并执行下列操作之一：

① 若要让 Microsoft Excel 自动将数据粘贴到图表中，请单击"粘贴"；

② 若要指定数据在图表中的绘制方式，请单击"编辑"菜单的"选择性粘贴"，然后选择所需选项。

3. 通过拖动向图表添加数据

(1)选定包含待添加数据的单元格，这些单元格在工作表中必须相连，指向选定区域的边框；

(2)将选定区域拖动到希望更新的嵌入图表中。

如果 Microsoft Excel 绘制这些数据时需要更多的信息，那么"选择性粘贴"对话框将会出现，请在其中选择所需选项。

说明：

1. 如果希望新数据的行列标志也显示在图表中，则选定区域还应包括含有标志的单元格。

2. 如果要添加的数据区域不连续，可多次添加，每次一个连续区域。

3. 如果不能拖动选定的单元格区域，请确认已经选择了"单元格拖放功能"复选框。要检查这个设置,请单击"工具"菜单的"选项",再单击"编辑"选项卡。

三、调整新添加数据的显示位置

任务描述:

在图表中将新添加的数据列调整到"毛概"与"计算机"之间,结果如图4-48所示。

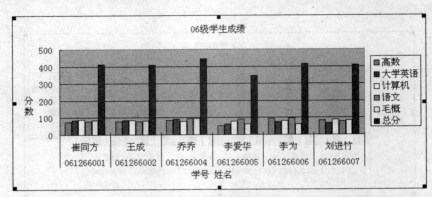

图4-48　实验结果(图表)

操作提示:

1. 在图表中单击要移动的数据列;

2. 单击右键,在弹出的快捷菜单中选择"数据系列格式",选择"系列次序"标签;

3. 单击上移或下移来调整序列的显示相对位置。

四、改变图例的位置并为图表加上标题

任务描述:

接上完成下列任务:

1. 改变图例的位置到图表的底部;

2. 修改语文图例的颜色为红色;

3. 修改图表的标题为"06级学生成绩统计图表",最后结果如图4-49所示。

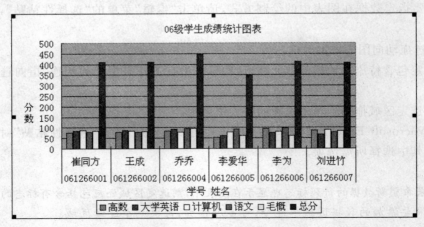

图4-49　实验结果(图表)

操作提示：

1. 改变图例的位置

(1)选中图例，拖动即可；

(2)用菜单"图表"→"图表选项"命令，选择"图例"标签，勾选"位置"下的"底部"单选框。

2. 改变图例的颜色

选中图例中的图例颜色区域，双击可以修改图例的颜色；选中单个图表中的图示区域（两次单击，不是双击），可以修改单个图示颜色。

3. 为图表添加或修改标题

用菜单"图表"→"图表选项"命令，选择"标题"标签，在其中添加或修改图表的标题。

说明：以上所有更改都可用下面的两种方法

1. 双击要修改图表对象，打开对象"系列格式"对话框，选相应标签可更改；

2. 在图表对象上右击，在弹出的快捷菜单中选择对象"系列格式"项，打开对象"系列格式"对话框，选相应标签可更改。

五、将数据系列制成饼图

任务描述：

选择"学生成绩表"完成以下任务：

1. 把数据区域的"总分"按"学号、姓名"制作成分离型三维饼图，结果如图 4 - 50 所示。

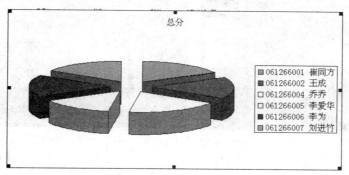

图 4 - 50　实验结果（图表）

2. 修改原"簇状柱形图"的"总分"按"学号、姓名"为饼图，最后结果如图 4 - 51 所示。

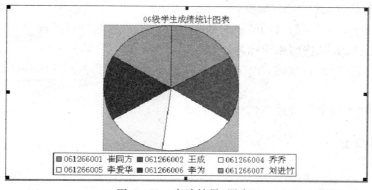

图 4 - 51　实验结果（图表）

操作提示：

1. 创建饼图

(1)选中要制作成饼图的数据列或区域,这里选"学号"、"姓名"和"总分"区域;

(2)制作方法步骤和制作柱状图一样,但图表类型为"饼图",子图表类型为"分离型三维饼图"。

2. 把已建好的图表修改为饼图

(1)选中要修改的图表,清除不需要的数据图示(在其上右击选"清除");

(2)用菜单"图表"→"图表类型"命令,打开"图表类型"对话框,在其中选择图表类型和子图表类型。

说明："图表类型"对话框也可以在右键快捷菜单中找到。

六、向图表中添加图形对象

任务描述：

选择"学生成绩表"完成以下任务：

1. 设置图表中的填充纹理为"信纸",结果如图 4－52 左图所示;

2. 再向图表中插入图片,图片可以自由选择,结果如图 4－52 右图所示。

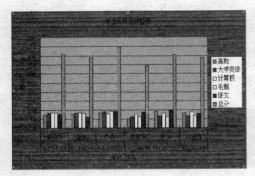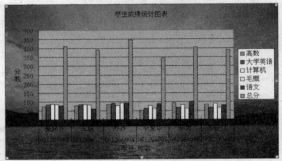

图 4－52　实验结果(图表)

操作提示：

1. 双击需要使用图片的柱形图、条形图、面积图、气泡图、三维折线图和填充雷达图中的数据标志,二维和三维图表中的数据标志、绘图区或图例,或者三维背景墙和基底,打开对象"系列格式"对话框,选"图案"标签;

2. 单击"填充效果"按钮,打开"填充效果"对话框,再选取"图片"选项卡;

3. 单击"选择图片"按钮指定图片;

4. 在"查找范围"列表框内,单击图片所在的驱动器、文件夹或 Internet 位置,再双击所需的图片;

5. 在"图片"选项卡上选取所需的选项。

七、绘制折线图

任务描述：

选择"学生成绩表"完成以下任务：

1. 选择大学英语、语文、总分列,制作数据点折线图,结果如图 4-53 所示;
2. 拖动"锚点"改变数据大小。

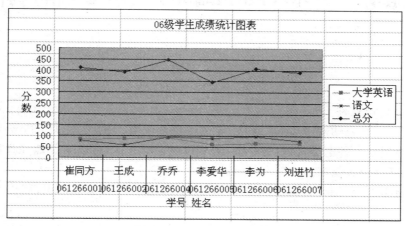

图 4-53　实验结果(局部)

操作提示:

1. 选中大学英语、语文、总分列,制作数据点折线图(折线图是"图表"制作方法同前);

2. 其中灰色区域即为绘图区,可以看到折线图上有"锚点";

3. 选中总分折线,当鼠标变成上下双箭头形状时可以对"锚点"进行拖动,并实时显示数据的值,对于总分线,因其由公式计算所得,因而会弹出"单变量求解"对话框,如图 4-54 所示,可以从中选择"目标单元格"及"可变单元格"。根据公式的类型,为了能获得正确结果,"可变单元格"只能从公式包含的单元格中选择一个,譬如选择 D6,确定后可以看到 D6 单元格中的数据会跟着变动,而其他单元格保持不变。

说明:"单变量求解"的含义是当目标"目标单元格"的"目标值"改变为输入的数值时,"可变单元格"的值变化为多少的情况。

图 4-54　"单变量求解"对话框

第 5 章　PowerPoint 2003 演示文稿的制作

要 点 精 讲

演示文稿处理软件 PowerPoint 2003 是 Microsoft 公司开发的办公自动化套件 Office 中的组件之一，它是表达观点、演示成果、传达信息的强有力的工具。用 PowerPoint 2003 制作的演示文稿是一种电子文稿，集文字、图片和声音于一体，可以清楚地在计算机屏幕上放映，也可以通过投影仪在大屏幕上展示。

通过本章学习，我们要掌握 PowerPoint 2003 演示文稿的基本知识、制作和编辑的方法，主要包括：

1. PowerPoint 2003 的基本知识

了解 PowerPoint 2003 的特点，熟悉其功能，能利用模板、内容提示向导创建演示文稿，或创建空白演示文稿后自己设计，特别是自己创建和应用母板。

2. 编辑幻灯片

演示文稿由若干个幻灯片组成，创建了演示文稿后就可以对幻灯片进行处理，包括在不同编辑窗口中选择幻灯片；插入、复制、移动和删除幻灯片。为了节省时间有时我们还要创建幻灯片副本。

3. 添加媒体对象

在演示文稿中插入各种不同的对象，从而简化操作，丰富幻灯片的内容，也加快幻灯片的制作进程。包括插入 Excel 图表和插入 Graph 图表；插入 Word 文档和表格；插入图片、图形和图像；插入影片剪辑。

4. 演示文稿的修饰

PowerPoint 的特色之一，就是其形状各异、多彩缤纷的幻灯片外观。对外观的控制主要通过修饰背景颜色、幻灯片母版、讲义母版、备注母版、配色方案和设计模板来完成的。用这些设置能够快速地编辑幻灯片，使幻灯片的设计风格能够统一。

5. 幻灯片放映

幻灯片放映时的控制是很重要的，除了用超链接外还要会使用鼠标前后翻页，另外使用绘图笔对于重点强调和加强观众印象也是非常重要的。

6. 制作好的幻灯片要注意以下几点：

制作幻灯片要自然，不要太花哨。要保持淳朴自然，简洁一致。一定要把握内容重点，紧紧围绕中心思想，目录层次条理清晰。

实验一　PowerPoint 2003 基本操作

【实验目的】

1. 掌握 PowerPoint 2003 的启动与退出的方法；

2. 熟悉 PowerPoint 2003 的编辑环境；

3. 熟练掌握幻灯片的创建和保存的方法与步骤。

【实验内容】

1. 启动 PowerPoint 2003 程序；

2. 认识 PowerPoint 2003 工作窗口组成；

3. 创建一个新演示文稿；

4. 增加一张两栏文本版式的幻灯片；

5. 在空白版式上制作幻灯片；

6. 保存演示文稿；

7. 打开演示文稿；

8. 编辑幻灯片中的文字；

9. 退出 PowerPoint 2003 程序。

【实验环境】

1. 安装了 Windows 2000 Professional(或 server)操作系统的计算机一台,并已安装了 Microsoft Office 2003 应用程序；

2. 在"D:\"盘建有文件夹"练习"。

【实验步骤】

一、启动 PowerPoint 程序

任务描述:

启动 Microsoft PowerPoint 2003 应用程序。

操作提示:

启动 PowerPoint 有如下方法:

1. "开始"→"程序"→"Microsoft Office"→"Microsoft PowerPoint 2003"；

2. 利用桌面快捷方式(如没有请创建)；

3. 利用"我的电脑"或"资源管理器"打开"C:\Program Files\Microsoft Office\OFFICE11"运行"POWERPNT. EXE"；

4. 利用"我的电脑"或"资源管理器"打开个一个现有的 PowerPoint 文档,系统将首先启动 PowerPoint 程序,再打开 PowerPoint 文档,从而使 PowerPoint 文档处于编辑状态。

二、认识 PowerPoint 工作窗口组成

任务描述:

1. 在打开的 PowerPoint 窗口中找到标题栏、菜单栏、常用工具栏、格式工具栏、绘图工具栏、状态栏、任务窗格、标尺和编辑区；

2. 打开"任务窗格",再关闭它；

3. 移动"绘图"工具栏到"编辑窗口",再还原；

4. 为"常用"工具栏添加"关闭"按钮；

5. 熟悉"常用"工具栏和"格式"工具栏的各个命令按钮。

操作提示：

1. 在打开的 PowerPoint 窗口中找到标题栏、菜单栏、常用工具栏、格式工具栏、绘图工具栏、状态栏、任务窗格、标尺、编辑区，如图 5-1 所示。

2. 打开"任务窗格"有如下两种方法

(1)"视图"→"任务窗格"；

(2)右击菜单栏或任一个工具栏，在弹出的快捷菜单中选"任务窗格"。

3. 关闭"任务窗格"有如下三种方法

(1)"视图"→"任务窗格"（前面有 ✓ 标记）；

(2)右击菜单栏或任一个工具栏，在弹出的快捷菜单中选"任务窗格"（前面有 ✓ 标记）；

(3)单击"任务窗格"的 ✗ 按钮。

说明： 用类似方法可打开、关闭其他工具栏。

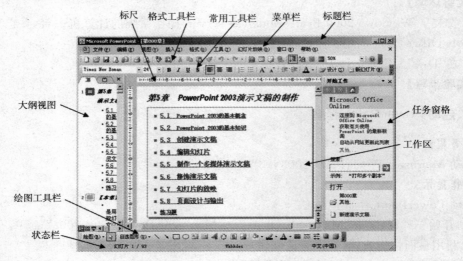

图 5-1　PowerPoint 工作窗口组成

4. 移动工具栏

如未打开请先打开，打开时的默认位置是在状态栏上方。

(1)"绘图"工具栏在默认位置时将鼠标指针移到"绘图"工具栏的 处，鼠标指针变为 ✛ 时，按下鼠标左键拖动即可；

(2)在"编辑窗口"内时将鼠标指针移到"绘图"工具栏的标题处，按下鼠标左键拖动即可。

说明： 用类似方法可移动其他工具栏。

5. 给工具栏添加和删除按钮

将鼠标指针移到"常用"工具栏的 ▼ 箭头处单击打开下拉菜单选"添加或删除按钮"→"常用"→"关闭"。

6. 熟悉按钮名称

将鼠标指针指向某个按钮，稍停片刻，即显示该命令按钮的名称。

三、创建一个新演示文稿

任务描述：

用多种方法创建一个新的幻灯片演示文稿。

操作提示：

1. 启动 PowerPoint 时，已自动创建名为"演示文稿 1"的新幻灯片；
2. 用菜单"文件"→"新建"命令，打开"新建幻灯片"任务窗格从中选择相应方式；
3. 单击"常用"工具栏上"新建"按钮；
4. Ctrl＋N。

四、增加一张两栏文本版式的幻灯片

任务描述：

在第三步所建的演示文稿中，使幻灯片的版式变为有两栏文本的版式。

操作提示：

1. 用菜单"格式"→"幻灯片版式"命令，找到图标▥▥，单击即可；
2. 单击"任务窗格"标题，选"幻灯片版式"，找到图标▥▥→单击即可。

说明：其他版式的操作方法与其相同。

五、在空白版式上制作幻灯片

任务描述：

1. 将第四步演示文稿中的两栏文本版式转换为空白版式幻灯片；
2. 在空白幻灯片上输入一行文字"我的第一张幻灯片"。

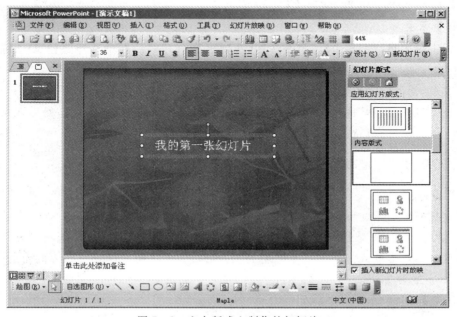

图 5－2　空白版式上制作的幻灯片

操作提示：

1. 菜单"格式"→"幻灯片设计"，选"空白"版式幻灯片；或单击"任务窗格"标题，选"幻灯片版式"，找到"空白"版式幻灯片图标，单击即可。

2. 在空白版式幻灯片中插入文本框（类似于 Word）输入文字即可。插入图片的方法也类似于 Word。

（1）单击"绘图"工具栏的插入"文本框"▤按钮；或用菜单"插入"→"文本框"选相应格式；

（2）用鼠标在幻灯片中拖动，出现文本框，在文本框中输入文字"我的第一张幻灯片"。

六、保存演示文稿

任 务 描 述：

将所建演示文稿用文件名"班级会议 . ppt"保存到"D:\练习"内。

操 作 提 示：

1. 关闭幻灯片时，系统提示保存，选择"是"然后选择保存位置"D:\练习"、类型"演示文稿"，键入文件名"班级会议"保存即可；

2. "文件"→"保存"（覆盖原演示文稿，新建演示文稿等同于"另存为"，"文件"→"另存为"可保存演示文稿的副本）；

3. 单击"常用"工具栏用上"保存"▥按钮（覆盖原演示文稿，新建演示文稿等同于"另存为"）；

4. Ctrl＋S（覆盖原演示文稿，新建演示文稿等同于"另存为"）。

七、打开演示文稿

任 务 描 述：

打开名为"班级会议"的演示文稿。

操 作 提 示：

1. 在常用工具栏上单击▣打开按钮，在弹出的打开对话框中选择路径"D:\练习"，找到所要打开文件"班级会议"，单击"打开"按钮；

2. 菜单"文件"→"打开"，后面的操作同上；

3. 从"资源管理器"或"我的电脑"中找到所要打开的文件"班级会议"，然后双击该文件即可。

八、编辑幻灯片中的文字

任 务 描 述：

1. 在打开的演示文稿中，将第一张幻灯片改为"标题和文本"版式；

2. 在"标题"中输入文字"班级会议"，字体为"华文行楷"，字号为 36 磅，居中；

3. 在"文本"中输入文字"一、上星期工作总结；二、下星期工作安排"，分两行居左，字体为"隶书"，字号为 26 磅。

操 作 提 示：

在创建的新幻灯片中，虚线框表示（各种对象）占位符，单击可编辑其对象。

1. 按上面方法，将第一张幻灯片改为"标题和文本"版式。

2. 编辑文字

(1)单击"标题"占位符，在其中添加文字"班级会议"；

(2)选中文字（或选中占位符），然后类似 Word 的方法，设置字体、字号和对齐方式；

(3)将鼠标移至占位符以外的地方，单击即可，如图 5-3 所示。

3. 用类似 2 的方法在"文本"占位符中输入文字和设置格式。回车可分段。如图 5-3 所示。

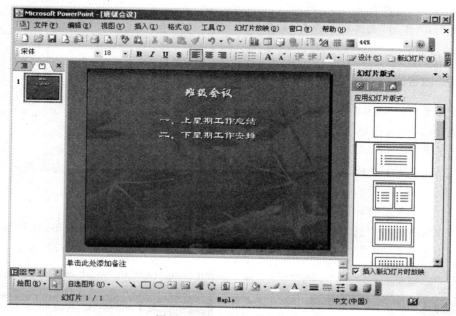

图 5-3　幻灯片中编辑文字

九、退出 PowerPoint 2003 程序

任务描述：

退出 Microsoft PowerPoint 2003 应用程序。

操作提示：

1. 单击窗口标题栏右上角的"关闭"按钮；

2. "文件"→"退出"；

3. 双击窗口标题栏左上角的"控制菜单"按钮；

4. Alt＋F4。

实验二　编辑幻灯片

【实验目的】

1. 掌握利用"内容提示向导"，创建一个新演示文稿的方法；

2. 熟练掌握幻灯片编辑处理的方法与步骤。

【实验内容】

1. 用"内容提示向导"创建一个新演示文稿；
2. 幻灯片的添加、复制与移动；
3. 幻灯片的插入与删除。

【实验环境】

1. 安装了 Windows 2000 Professional（或 server）操作系统的计算机一台，并已安装了 Microsoft Office 2003 应用程序；
2. 在"D:\"盘建有文件夹"练习"；
3. 在"D:\练习"文件夹下建有"顺序结构程序设计·ppt"。

【实验步骤】

一、用"内容提示向导"创建一个新演示文稿

任务描述：

利用"内容提示向导"创建一个"班级主题会议"演示文稿。

操作提示：

1. 在"新建演示文稿"任务窗格栏下单击"根据内容提示向导"，弹出"内容提示向导"对话框，如图 5-4（左）所示；
2. 在"内容提示向导"对话框中单击"下一步"按钮；
3. 在对话框中的"选定将使用的演示文稿类型"栏下单击一个类别按钮，在按钮的左边的列表框中单击类型"集体讨论例会"，再单击"下一步"按钮，如图 5-4（右）所示；

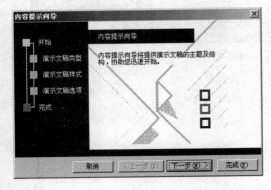
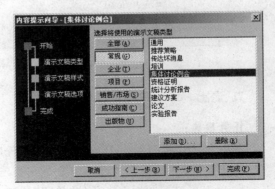

图 5-4　"内容提示向导"（一）

4. 在对话框中"您使用的输出类型？"栏下列的单选框中演示文稿的类型选择"屏幕演示文稿"，再单击"下一步"按钮，如图 5-5（左）所示；

5. 在"演示文稿标题"框中键入演示文稿的名称"班级主题会议"，在"页脚"框中键入"××职业技术学院"，再单击"下一步"按钮，如图 5-5（右）所示；

6. 最后单击"完成"，此时，一个以选定的某种类型的演示文稿创建完成，如图 5-6 所示。

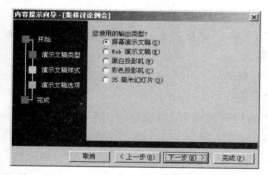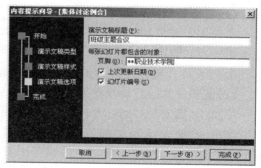

图 5 - 5 　"内容提示向导"（二）

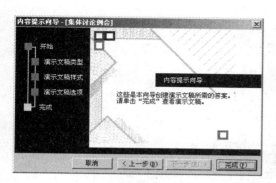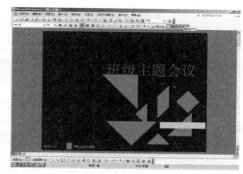

图 5 - 6 　"内容提示向导"（三）

二、幻灯片的添加、复制与移动

任务描述：

1. 在第一张张灯片后添加一张新幻灯片；

2. 在演示文稿中第二张幻灯片创建一个副本，为当前演示文稿从另一个演示文稿中复制一个标题名为"实验目的与要求"的幻灯片；

3. 将第三张幻灯片移动到第五张幻灯片后。

操作提示：

1. 添加新幻灯片

插入新幻灯片，主要有三种方法：

（1）首先选定要插入幻灯片的位置，单击"格式"工具栏中的 ![新幻灯片(N)] 按钮，将插入一张"标题和文本"版式的幻灯片；

（2）在"大纲"窗格或"幻灯片"窗格中，选定要插入幻灯片的位置，敲回车将插入一张"标题和文本"版式的幻灯片；

（3）菜单"插入"→"新幻灯片（N）……"命令，此时任务窗格自动切换成"幻灯片版式"，选择版式后即可。

新幻灯片一般插入在所选出的幻灯片之后。

2. 复制幻灯片

复制的幻灯片有两种情况：

（1）需要复制的幻灯片在当前演示文稿中有两种方法：

①选中需要复制的第二张幻灯片，单击"插入"→"幻灯片副本"，则第二张幻灯片的副本就会出现在它自己的后面；

②按下 Ctrl 键拖拽第二张幻灯片到所需位置即可。

（2）需要复制的幻灯片在另一个演示文稿中方法：

①单击"插入"→"幻灯片（从文件）"→弹出"幻灯片搜索器"对话框，如图 5-7 所示；

②选取"搜索演示文稿"选项卡，"文件"输入框中输入"D:\练习\顺序结构程序设计.ppt"；

③单击"显示"按钮，在"选定幻灯片"栏中选择标题为"实验目的与要求"的幻灯片，单击"插入"按钮即可。

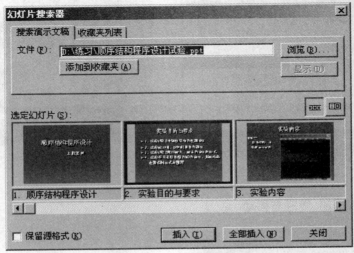

图 5-7 "幻灯片搜索器"

3. 移动新幻灯片

在"大纲"窗格或"幻灯片"窗格中，选取需要移动的幻灯片按下鼠标左键并拖动，鼠标由 变为 ，拖至在目标位置释放鼠标即可。

在"幻灯片浏览"视图中的操作方法同上一样。

三、幻灯片的插入与删除

任务描述：

1. 在演示文稿的第五张幻灯片前插入一张新幻灯片；

2. 删除第五张幻灯片；删除第七和第八张幻灯片。

操作提示：

1. 插入幻灯片

同上述的添加新幻灯片，插入新幻灯片后单击所需版式即可。

2. 删除幻灯片

（1）删除单张幻灯片

①在"大纲"窗格或"幻灯片"窗格或在"幻灯片浏览"视图中,单击要删除的幻灯片图标,敲 Delete 键即可;

②在各种视图中,单击要删除的幻灯片,用菜单"编辑"→"删除幻灯片"命令即可。

(2)删除多张幻灯片

①在"大纲"窗格或"幻灯片"窗格或在"幻灯片浏览"视图中,选取要删除的幻灯片;

②用菜单"编辑"→"删除幻灯片"命令或按 Delete 键即可。

实验三　制作一个多媒体演示文稿

【实验目的】

1. 熟悉 PowerPoint 2003 中的艺术字制作;

2. 掌握 PowerPoint 2003 图形的绘制方法;

3. 熟练掌握 PowerPoint 2003 各种对象插入的方法。

【实验内容】

1. 插入 Excel 表格;

2. 插入 Graph 图表;

3. 插入表格;

4. 插入影片剪辑;

5. 插入图片;

6. 制作艺术字;

7. 图形的制作及简单加工;

8. 矢量图的深加工。

【实验环境】

1. 安装了 Windows 2000 Professional(或 server)操作系统的计算机一台,并已安装了 Microsoft Office 2003 应用程序;

2. 在"D:\"盘建有文件夹"练习";

3. 在"D:\练习"文件夹下建有文档"班级会议 .ppt"、"学生寝室分布情况 .xls"、"alizee. avi"和"xiaoyuan. jpg"。

【实验步骤】

一、插入 Excel 表格

任 务 描 述:

打开"D:\练习\班级会议",在第二张幻灯片后插入一张新幻灯片在其上添加名为"学生寝室分布情况"的 Excel 工作表。

操 作 提 示:

在第二张幻灯片后插入一张新幻灯片。

1. 新建"学生寝室分布情况"的 Excel 工作表

(1)用菜单"插入"→"对象(O)…"命令,弹出"插入对象"对话框,如图 5 - 8 所示,在"对象类型"中选择"Microsoft Excel 工作表",单击"确定"按钮;

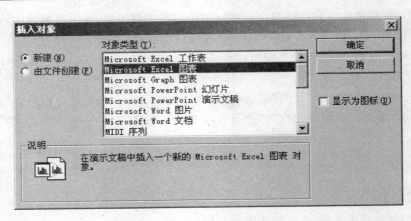

图 5-8　"插入对象"对话框

（2）新建 Excel 工作表，并进入 Excel 工作表编辑窗口，编辑完单击其他位置即可。

2. 插入已存在的"学生寝室分布情况"Excel 工作表

用菜单"插入"→"对象（O）…"命令，弹出"插入对象"对话框，如图 5-8 所示。选择"由文件创建"单选框，在"文件"中输入所要插入 Excel 表格的路径"D:\练习\学生寝室分布情况"；或者单击"浏览"按钮，在"浏览"对话框中按路径"D:\练习\学生寝室分布情况"找到Excel 表格，单击"确定"按钮，插入表格后如图 5-9 所示。

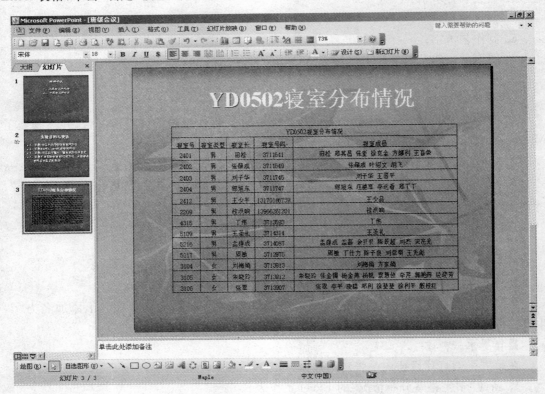

图 5-9　幻灯片中插入的 Excel 表格

说明：Excel 工作表的编辑只需双击工作表，就可进入 Excel 编辑窗口。

二、插入 Graph 图表

任务描述：

在第三张幻灯片后插入一张幻灯片，在其中插入 Graph 图表，将其中的数据表改为"安徽、湖北、河南"三省的收入情况。

操作提示：

1. 用菜单"插入"→"图表"命令，弹出一个数据表和柱形图；

2. 在数据表中修改数据，即输入各地区各月收入情况；

3. 数据输入完后，单击图表以外的其他区域，数据表消失，此时图表的插入操作完成；

4. 用户可使用鼠标移动图表，或者调整图表框的大小，完成的插入图表操作如图 5 - 10 所示。

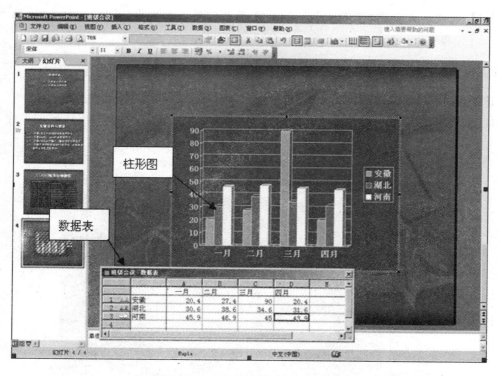

图 5 - 10　幻灯片中插入 Graph 图表

说明：

1. 插入 Graph 图表也可单击常用工具栏中 ![]按钮，或用菜单"插入"→"对象(O)…"命令，弹出"插入对象"对话框，选择"Microsoft Graph 图表"。以后操作类似上面的方法。

2. Graph 图表的数据编辑只需双击图表，就可打开"数据表"，在其中可编辑数据，单击其他位置结束编辑。

3. Graph 图表的编辑完全类似于在 Excel 窗口内编辑图表。

4. 插入和编辑 Excel 图表类似插入和编辑 Graph 图表。

三、插入表格

任务描述：

在当前幻灯片中插入一个 5 行 6 列的考试成绩表格。

操作提示：

插入和编辑表格完全类似于在 Word 中插入和编辑表格。

1. 菜单"插入"→"表格"命令，弹出"插入表格"对话框；

2. 在对话框中，设置行数为 5，列数为 6；

3. 单击"确定"按钮，一张空的表格即插入到幻灯片中，在表格中输入姓名和成绩等；

4. 利用"表格和边框"工具栏，可以进行编辑或修改等操作，完成的表格如图 5 - 11 所示。

说明：也可单击常用工具栏中 ▦ 按钮，或单击常用工具栏中 ▦ 按钮，打开"表格和边框"工具栏，再手工绘制。

四、插入影片剪辑

任务描述：

1. 在当前幻灯片中，从剪贴库中插入一个名为"communications,computer"的影片；

2. 在第四张幻灯片中插入一个文件名为"alizee"的影片。

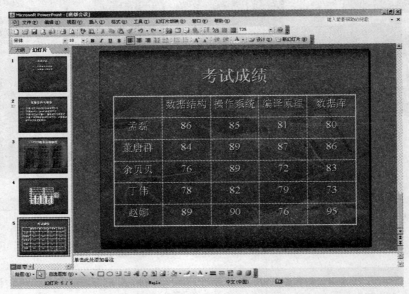

图 5 - 11　幻灯片中插入表格

操作提示：

1. 插入剪贴库中的影片

（1）菜单"插入"→"影片和声音"→"剪辑管理器中的影片"命令，弹出"剪贴画"任务窗格，并出现剪辑库中所有影片文件；

（2）在剪辑库中选择"communications,computer"并单击，则插入到当前幻灯片中；

（3）在弹出的对话框中选择"在单击时"播放影片；

（4）放映当前幻灯片，即可播放影片，如图 5－12 所示。

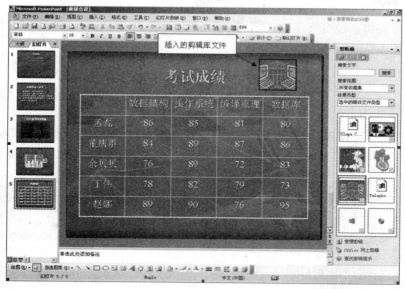

图 5－12　幻灯片中插入剪辑管理器中的影片

2. 插入文件中的影片

（1）用菜单"插入"→"影片和声音"→"文件中的影片"命令，弹出"插入影片"对话框；

（2）在对话框中按路径"D:\练习\alizee"找到文件，单击"确定"按钮；

（3）在弹出的对话框中选择"在单击时"；

（4）完成插入文件中影片操作，放映当前幻灯片，单击插入的文件即可播放，如图 5－13 所示。

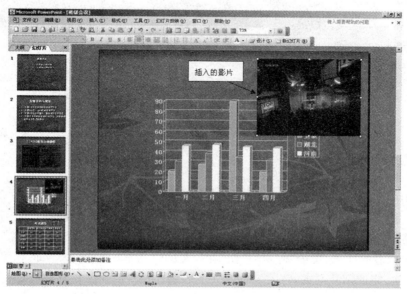

图 5－13　幻灯片中插入文件中的影片

五、插入图片

任务描述：

在文档后添加一张幻灯片,在其中插入一个文件名为"xiaoyuan.jpg"的图片。

操作提示：

1. 用菜单"插入"→"图片"→"来自文件夹"命令,弹出"插入图片"对话框;

2. 在对话框中按"D:\练习\xiaoyuan"找到图片文件,单击"插入"按钮;

3. 插入图片完成后,调整图片大小即可,如图5-14所示。

图5-14　幻灯片中插入图片

六、制作艺术字

任务描述：

在文档中添加一张新幻灯片在其中插入艺术字"××职业技术学院"。

操作提示：

1. 用菜单"插入"→"图片"→"艺术字"命令,弹出"艺术字库"对话框,如图5-15所示;

2. 选择合适的样式,单击"确定"按钮,在弹出的对话框中编辑"××职业技术学院",单击"确定"按钮,完成图片插入;

3. 利用"艺术字"工具栏可对插入的艺术字进行编辑调整,如图5-16所示。

图 5-15　"艺术字"样式对话框

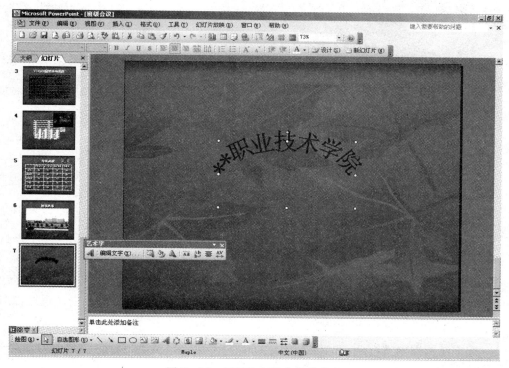

图 5-16　幻灯片中插入的艺术字

七、图形的制作及简单加工

任务描述：

在文档中添加一张新幻灯片，并在其中绘制心形图形，并使图形具有三维效果。

操作提示：

1. 打开"绘图"工具栏；

2. 在"绘图"工具栏上单击"自选图形"→"基本形状"→ ♡，鼠标变为"十"形状；

3. 在当前幻灯片中拖动鼠标，得到心形图形；

4. 选中图形，在绘图工具栏上单击 ⬜，再在弹出的子菜单中选择 ⬛，插入的图形变为三维形状，如图 5-17 所示。

图 5-17 幻灯片中制作三维图形

图 5-18 "图示库"对话框

八、矢量图的深加工

任务描述：

在文档中添加一张新幻灯片，在其中插入"××职业技术学院"的结构图，并对其加工修饰。

操作提示：

1. 单击"绘图"工具栏上 ❀，弹出"图示库"对话框，如图 5-18 所示；

2. 在对话框中选择"组织结构图" 品，单击"确定"按钮，在当前幻灯片中出现结构图；

3. 在各结构图中添加组织文字；

4. 选中结构图的文本框，然后在"绘图"工具栏上单击线型 ☰ 按钮，在弹出的子菜单中选择 4.5 磅线型；

5. 选中结构图中的流程线，然后在绘图工具栏上单击箭头样式 ⇄ 按钮，选择箭头；

6. 选中结构图，单击组织结构图工具栏中"版式"按钮，在弹出的子菜单中选择"左悬挂"；

7. 得到如图 5-19 所示结构图。

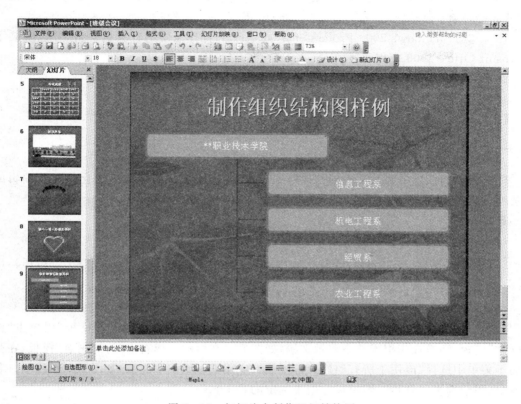

图 5 - 19　幻灯片中制作组织结构图

说 明：

1. 也可用菜单"插入"→"图示"命令。

2. 在图示库中还可插入"循环图"、"射线图"、"锥形图"、"维恩图"和"目标图"。读者可自己尝试操作。

3. 保存并退出。

实验四　修饰演示文稿

【实验目的】

1. 熟悉幻灯片美化的基本方法；

2. 掌握幻灯片模板的应用；

3. 熟练掌握幻灯片的各种修饰方法与步骤。

【实验内容】

1. 为演示文稿选用应用模板；

2. 修饰幻灯片背景；

3. 改变幻灯片配色方案；

4. 认识幻灯片母版；

5. 自定义模板文件。

【实验环境】

1. 安装了 Windows 2000 Professional(或 server)操作系统的计算机一台,并已安装了 Microsoft Office 2003 应用程序;

2. 在"D:\"盘建有文件夹"练习";

3. 在"D:\练习"文件夹下建有"班级会议.ppt"文件。

【实验步骤】

一、为演示文稿选用应用模板

模式为我们设计了演示文稿的整体格式和效果,应用模板可以大大简化幻灯片编辑的复杂度。应用"诗情画意"模板更新"D:\练习\班级会议"演示文稿。

操作提示:

1. 打开"D:\练习\班级会议"演示文稿。

2. 用菜单"格式"→"幻灯片设计"命令(或单击"格式"工具栏的 **设计(S)** 按钮),出现"幻灯片设计"任务窗格。

说明: 如"任务窗格"已打开,可单击"任务窗格"标题选取"幻灯片设计"项即可。

3. 在"幻灯片设计"任务窗格中单击"设计模板"选项卡,在"应用设计模板"中单击"诗情画意"模板,则模板应用于整个演示文稿,如图 5-20 所示。或右击"诗情画意"模板,在弹出的子菜单中选择"应用于所有幻灯片",则模板应用于整个演示文稿,如图 5-20 所示。若选择"应用于选定幻灯片",则模板应用于选定的若干张幻灯片。

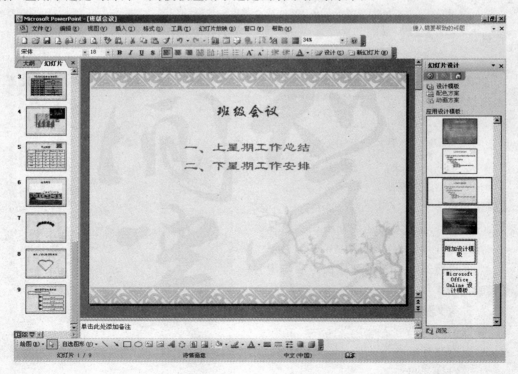

图 5-20　选用应用模板

二、修饰幻灯片背景

任务描述：

将第一张幻灯片做如下修饰：

1. 将该幻灯片背景改为红色的颜色；

2. 将该幻灯片背景色填充为："浅粉色"到"浅蓝色"的"垂直"渐变效果。

操作提示：

1. 更改背景颜色

(1)用菜单"格式"→"背景"命令，打开"背景"对话框；

(2)在对话框中单击 [v]，在出现的下拉菜单中单击"其他颜色"，出现颜色对话框；

(3)选择红色，然后单击"确定"按钮，回到"背景"对话框，如图 5－22 所示；

(4)单击"应用"按钮，当前幻灯片背景颜色改为红色，如图 5－21 所示。

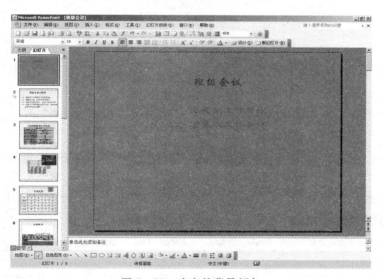

图 5－21　改变的背景颜色

2. 更改背景色填充效果

(1)用菜单"格式"→"背景"命令，弹出"背景"对话框，如图 5－22 所示；

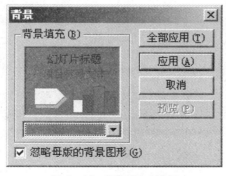

图 5－22　"背景"对话框

（2）在对话框中单击 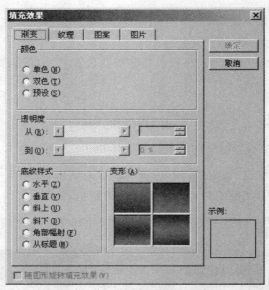，在出现的下拉菜单中单击"填充效果"，出现"填充效果"对话框，如图 5-23 所示；

图 5-23　"填充效果"对话框

（3）"填充效果"对话框有渐变、纹理、图案、图片四个选项卡，可选择其中的一个选项卡，这里选择"渐变"选项卡；

（4）在"渐变"选项卡中的"颜色"标签中选择"双色"，颜色 1 选择"浅粉色"，颜色 2 选择"浅蓝色"；

（5）在"底纹样式"标签中选择"垂直"，单击"确定"按钮，回到"背景"对话框；

（6）在背景对话框中单击"应用"按钮，完成填充操作，如图 5-24 所示。

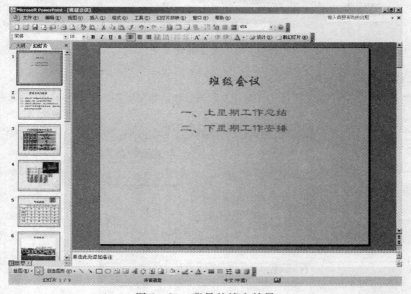

图 5-24　背景的填充效果

三、改变幻灯片配色方案

任 务 描 述：

在演示文稿中新建一个模版为"maple"的幻灯片，主标题为"××职业技术学院"，副标题为"信息工程系"，其配色方案做如下改变：

1. 利用配色方案将幻灯片背景改为"深绿色"；

2. 自定义一个背景为"红色"、文本和线条为"蓝色"、阴影为"白色"、填充为"绿色"的配色方案，并应用于该幻灯片中。

操 作 提 示：

配色方案能使幻灯片中的各种颜色进行协调。

1. 应用标准配色方案

（1）用菜单"格式"→"幻灯片设计"命令（或单击"格式"工具栏的 设计(S) 按钮），出现"幻灯片设计"任务窗格。

说明：如"任务窗格"已打开，可单击"任务窗格"标题选取"幻灯片设计"项即可。

（2）在"幻灯片设计"任务窗格中选择"配色方案"选项，右击"应用配色方案"中背景为"深绿色"的标准方案，在弹出的子菜单上选"应用于所选幻灯片"。

注意：若选"应用于所有幻灯片"，则配色方案应用于整个演示文稿。

（3）完成标准配色方案的应用，如图 5 - 25 所示。

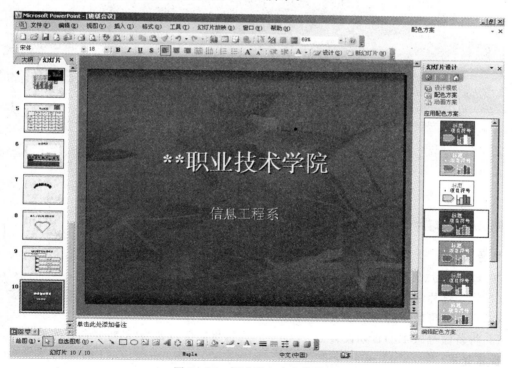

图 5 - 25　标准配色方案的设计

2. 自定义配色方案

（1）在"幻灯片设计"任务窗格中单击"编辑配色方案"，弹出"编辑配色方案"对话框；

　　（2）在对话框中选择"自定义"选项卡；

　　（3）在"配色方案颜色"中选中"背景"框，单击"更改颜色"，在弹出的对话框中选择"红色"，单击"确定"按钮；

　　（4）用同样的方法将文本和线条设为蓝色，阴影设为白色，填充设为绿色；

　　（5）单击 添加为标准配色方案(D) 按钮，在"应用配色方案"中出现所设置的配色方案。再单击"应用"按钮，则设置的配色方案应用于当前幻灯片，如图 5-26 所示。

图 5-26　自定义的配色方案

四、认识幻灯片母版

任务描述：

在"D:\练习\班级会议"演示文稿中做如下操作：

　　（1）将幻灯片母版中的日期设置为"2006-5-2"；

　　（2）将讲义母版中的日期设置为"2006-5-2"，页眉区设置为"幻灯片制作实验"；

　　（3）将备注母版中的日期设置为"2006-5-2"，页眉区设置为"幻灯片制作实验"。

操作提示：

　　母版有幻灯片母版、讲义母版、备注母版三种，是指一张已对占位符设置了格式的幻灯片。这些占位符可以为标题、主要文本或所有幻灯片中出现的对象。以后我们添加的幻灯片都是幻灯片母版的副本。

1. 设置幻灯片母版

（1）用菜单"视图"→"母版"→"幻灯片母版"命令，打开"幻灯片母版"工具栏，同时进入"幻灯片母版"编辑窗口。

（2）在"母版"编辑窗口中可以更改占位符中相关内容或格式和位置。

注意：不要更改"标题"占位符和"文本"占位符的内容，只能对这两个占位符重新设置格式和位置，其他更改是不起作用的。

（3）单击"日期区"输入"2006－5－2"，如图 5－27 所示，然后单击"幻灯片母版视图"工具栏上的"关闭母版视图"。

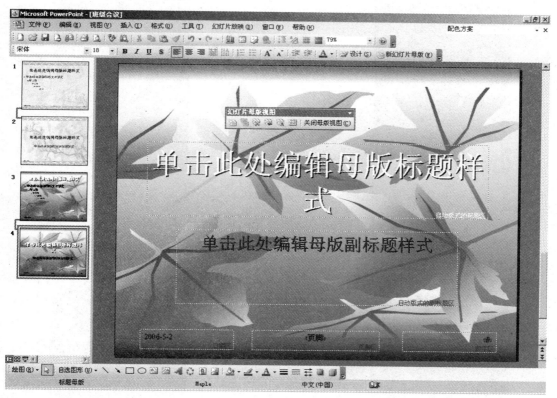

图 5－27　幻灯片母版

2. 设置讲义母版

（1）用菜单"视图"→"母版"→"讲义母版"命令，打开"讲义母版"工具栏，同时进入"讲义母版"编辑窗口；

（2）在"讲义母版"编辑窗口中可以更改占位符中相关内容或格式和位置；

（3）单击"日期区"输入"2006－5－2"，单击"页眉区"输入"幻灯片制作实验"，如图 5－28 所示，然后单击"讲义母版视图"工具栏上的"关闭母版视图"。

3. 设置备注母版

（1）用菜单"视图"→"母版"→"备注母版"命令，打开"备注母版"工具栏，同时进入"备注母版"编辑窗口；

（2）在"日期区"设置日期和在"页眉区"设置页眉完全类似于在"讲义母版"中的设置；

"备注文本"占位符的设置类似于在"幻灯片母版"中的设置"文本"占位符,如图 5-29 所示;

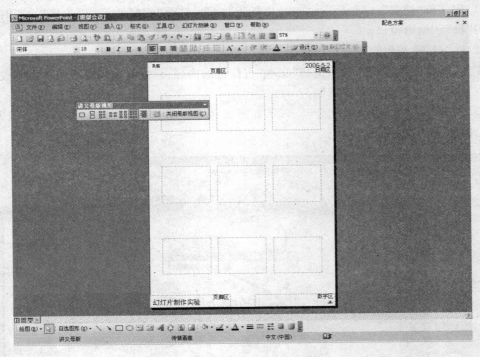

图 5-28 "讲义母版"视图

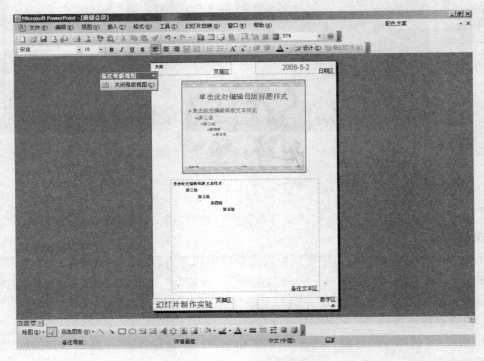

图 5-29 "备注母版"视图

（3）然后单击"备注母版视图"工具栏上的"关闭母版视图"。

五、自定义模板文件

任务描述：

用户可以自定义一个模板，此模板可作为其他演示文稿时使用，如创建一个幻灯片母版。

操作提示：

（1）新建演示文稿，按照上面所介绍的设置"幻灯片母版"的方法，设置好幻灯片母版；

（2）在"幻灯片母版"编辑窗口中按照上面所介绍的设置"配色方案"的方法，设置好配色方案；用菜单"文件"→"另存为"命令，打开"另存为"对话框；

（3）在"文件名"文本框中输入文件名：我的模板 1 号；

（4）在"保存类型"中选择类型为"演示文稿设计母版"；

（5）保存位置系统自动设置为"c：\document and settings\user\Application Data\Microsoft \templates"；

（6）单击"保存"按钮，如图 5 – 30 所示。

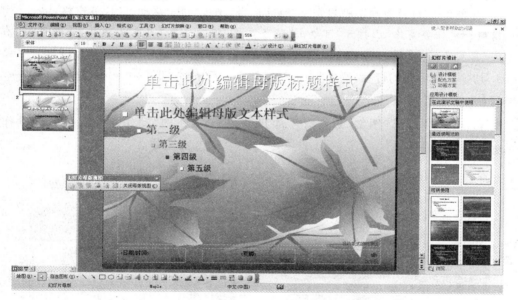

图 5 – 30　自定义并保存的模板

实验五　设置幻灯片的播放效果

【实验目的】

1. 掌握背景音乐的制作；

2. 熟练掌握设置幻灯片各种动画效果的操作方法。

【实验内容】

1. 给演示文稿添加动画效果；

2. 为演示文稿制作背景音乐；

3. 为视频文件设置动画效果；

4. 设置幻灯片的切换效果。

【实验环境】

1. 安装了 Windows 2000 Professional(或 server)操作系统的计算机一台，并已安装了 Microsoft Office 2003 应用程序；

2. 在"D:\"盘建有文件夹"练习"；

3. 在"D:\练习"文件夹下建有"班级会议.ppt"文件。

【实验步骤】

一、给演示文稿添加动画效果

任务描述：

打开"D:\练习\班级会议.ppt"文件。给第六张幻灯片的"心形"图案添加按"五边形"路径"飞入"的动画效果。

操作提示：

1. 用菜单"幻灯片放映"→"自定义动画"命令，出现"自定义动画"任务窗格。

说明： 如"任务窗格"已打开，可单击"任务窗格"标题选取"自定义动画"项即可，或右击对象选"自定义动画"项。

2. 切换到第六张幻灯片，选中"心形"图案，单击 ☆ 添加效果 ▼ 按钮选"进入"→"飞入"项，如图 5-31 所示。

3. 再次选中"心形"图案，单击 ☆ 添加效果 ▼ 按钮选"动作路径"→"其他动作路径"，如图 5-32 所示。

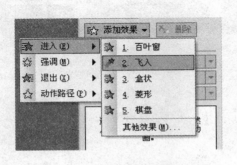

图 5-31　选择对象"进入"动画

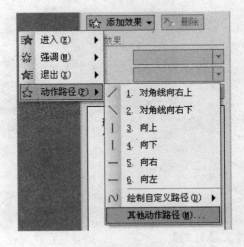

图 5-32　选择对象"动作路径"

4. 在"添加动作路径"对话框中，选"五边形"单击"确定"按钮，勾选"预览效果"，可预览动画效果，如图 5-33 所示。

用类似的方法可以为其他对象设置动画效果。

图 5 - 33　"添加动作路径"对话框

二、为演示文稿制作背景音乐

任务描述：

为"心形"图案的动画添加"风铃"音乐背景。

操作提示：

1. 单击"自定义动画"任务窗格下的列表框中动画提示 2 🔍 ⬡ **椭圆** 3，当出现

2 🔍 ⬡ **椭圆** 3　　　　　▼ 后，再单击其后的 ▼，选"效果选项"项；

2. 在弹出"效果选项"对话框中单击"声音"后的 ▼，选择"风铃"项，如图 5 - 34 所示。

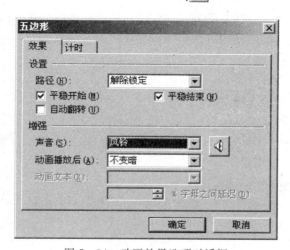

图 5 - 34　动画效果选项对话框

三、为视频文件设置动画效果

任务描述：

将第四张幻灯片中插入的视频文件在进入时添加"圆形扩展"动画效果。

操作提示：

为视频文件添加动画效果与本实验的设置图形的动画效果完全相同。

四、设置幻灯片的切换效果

任务描述：

接将"D:\练习\班级会议"演示文稿中的所有幻灯片切换时设置动作为"水平百叶窗"、速度为"中速"、声音为"照相机"、切换时间为"1 秒"的效果。

操作提示：

1. 用菜单"幻灯片放映"→"幻灯片切换"命令，或在幻灯片上右击选"幻灯片切换"项，打开"幻灯片切换"任务窗格。

说明：如"任务窗格"已打开，可单击"任务窗格"标题选取"幻灯片切换"项即可。

2. 在窗格中的"应用于所选幻灯片"中选择"水平百叶窗"。

3. 单击"速度"标签中的 ▼ 按钮，将速度设置为"中速"。

4. 单击"声音"标签中的 ▼ 按钮，将声音设置为"照相机"。

5. 在切换方式中，选中"单击鼠标时"和"每隔"，并将"每隔"后的时间设为 1 秒。

6. 最后单击 应用于所有幻灯片 ，如不单击此项，则效果只作用于当前幻灯片。

单击"播放"可预览所设置的幻灯片切换效果。

实验六　制作具有交互功能的演示文稿

【实验目的】

1. 掌握演示文稿内进行跳转的方法；

2. 熟练掌握超级链接的使用方法。

【实验内容】

1. 在演示文稿内进行跳转；

2. 创建分支式的演示文稿。

【实验环境】

1. 安装了 Windows 2000 Professional（或 server）操作系统的计算机一台，并已安装了 Microsoft Office 2003 应用程序；

2. 在"D:\"盘建有文件夹"练习"；

3. 在"D:\练习"文件夹下建有"班级会议．ppt"和"班级制度．ppt"文件。

【实验步骤】

一、在演示文稿内进行跳转

任务描述：

打开"班级会议.ppt"演示文稿，完成以下任务：

1. 在放映张幻灯时，如单击最后一张幻灯片中的"信息工程系"文本时，屏幕跳转到"班级会议"幻灯片；

2. 为每张幻灯片添加动作按钮，当放映张幻灯时如单击该按钮，屏幕都将跳转到第一张幻灯片。

操作提示：

1. 使用"超级链接"

（1）切换到最后一张幻灯片，选中"信息工程系"文本框，如图 5-35 所示；

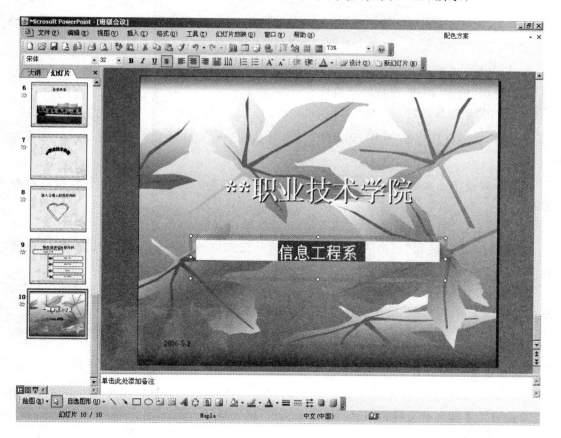

图 5-35　"文本框"链接

（2）用菜单"插入"→"超链接"命令，或右击"信息工程系"文本框选"超链接"，弹出"插入超链接"对话框；

（3）单击"书签"按钮，弹出"在文档中选择位置"对话框，如图 5-36 所示，或单击"本文档中的位置"按钮；

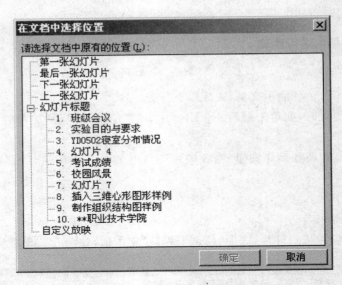

图 5 - 36　在文档中链接位置选择对话框

（4）在对话框中选择位置"班级会议"，单击"确定"按钮，返回到"插入超链接"对话框；

（5）单击"确定"按钮，完成跳转设置。

2. 使用"动作按钮"

（1）进入"幻灯片母板"视图，用菜单"幻灯片放映"→"动作按钮"→ 按钮，鼠标变为"十"形状。

说明：或者单击绘图工具栏的"自选图形"按钮，选"动作按钮"子菜单中的相应按钮图形。

（2）在当前幻灯片中拖动鼠标，出现按钮，同时会出现"动作设置"对话框。

（3）单击"超链接到"后的 按钮，选中"第一张幻灯片"，单击"确定"按钮，完成跳转操作。

若选中"幻灯片…"则会弹出"链接到幻灯片"对话框；在对话框中选择要跳转的幻灯片，单击"确定"按钮，返回到"动作设置"对话框；单击"确定"按钮，完成跳转操作。

二、创建分支式的演示文稿

任务描述：

在"班级会议"幻灯片添加一个文本框，内容为"班级制度"，并创建在放映当前演示文稿时，单击该文本框屏幕会跳转到另一个演示文稿"班级制度.ppt"。

操作提示：

（1）切换到"班级会议"幻灯片，绘制一个文本框并输入内容为"班级制度"；

（2）用菜单"插入"→"超链接"命令，或右击"班级制度"文本框选"超链接"，弹出"插入超链接"对话框，如图 5 - 37 所示；

（3）在"链接到"列表框图中单击"原有文件或网页"，在对话框中找到名为"班级制度"的演示文稿，然后单击"确定"按钮。

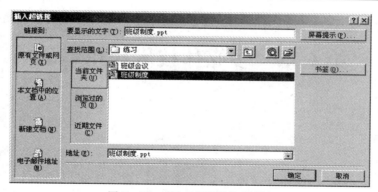

图 5 - 37   "插入超链接"对话框

放映当前演示文稿试试看。

第6章　多媒体技术应用基础

要点精讲

根据 CCITT 的定义,媒体有五种类型:感觉媒体、表示媒体、表现媒体、存储媒体和传输媒体。多媒体是融合两种或者两种以上媒体的一种人—机交互式信息交流和传播媒体,使用的媒体包括文字、图形、图像、声音、动画和电视图像(video)等。

我们可以从以下几点来理解多媒体的概念:(1)多媒体是信息交流和传播媒体,从这个意义上说,多媒体和电视、报纸、杂志等媒体的功能是一样的。(2)多媒体是人—机交互式媒体,这里所指的"机",目前主要是指计算机,或者由微处理器控制的其他终端设备。因为计算机的一个重要特性是"交互性",使用它就比较容易实现人—机交互功能。从这个意义上说,多媒体和目前大家所熟悉的模拟电视、报纸、杂志等媒体是大不相同的。(3)多媒体信息都是以数字的形式而不是以模拟信号的形式存储和传输的。(4)传播信息的媒体种类很多,如文字、声音、电视图像、图形、图像、动画等。虽然融合任何两种以上的媒体就可以称为多媒体,但通常认为多媒体中的连续媒体(声音和电视图像)是人与机器交互的最自然的媒体。

多媒体的主要特性有:(1)集成性:多种信息媒体的集成、处理这些媒体的设备的集成;(2)交互性:人的活动(activity)本身能作为一种媒体介入到信息转变为知识的过程;(3)数字化:多媒体信息都是以数字的形式而不是以模拟信号的形式存储和传输的。

多媒体是超媒体系统中的一个子集,超媒体系统是使用超链接构成的全球信息系统,全球信息系统是因特网上使用 TCP/IP 协议和 UDP/IP 协议的应用系统。二维的多媒体网页使用 HTML 来编写,而三维的多媒体网页使用 VRML 来编写。

多媒体主要技术主要运用于计算机、远程通信、出版、家用音像电子产品、电视/电影/广播工业、多媒体会议系统、多媒体办公自动化、CSCW、视频点播系统等领域。

实验一　图像处理

【实验目的】

1. 掌握运用 Photoshop CS 对图像的简单编辑和加工;
2. 熟悉魔术棒工具的使用;
3. 熟悉图像的色彩及形状的修整;
4. 熟悉图像的混合模式。

【实验内容】

1. 素材图像的简单编辑和加工;
2. 设置素材图像的背景色透明效果;
3. 图像的色彩修整;

4. 图像的形状修整;

5. 图像的特技效果。

【实验环境】

1. 安装了 Windows 2000 Professional(或 server)操作系统的计算机一台,并已安装了 Adobe Photoshop CS 应用程序;

2. 在"D:\练习"存有文件"6－1. jpg"、"6－2. jpg"、"6－3. jpg"、"6－4. jpg"和"6－5. jpg"。

【实验步骤】

一、素材图像的简单编辑和加工

任 务 描 述:

在 Photoshop CS 中打开素材文件"6－1. jpg",使水中也有一个小鸟,实验结果如图6-2所示。

操 作 提 示:

(1)打开素材文件"6－1. jpg",如图 6－1 所示;

(2)用"磁性套索工具"将图像上的小鸟选中;

(3)执行"编辑"→"拷贝"命令,然后执行"编辑"→"粘贴"命令,可以看到在图层面板上多了一个"图层 1";

(4)单击工具箱中的"移动工具"按钮,拖动小鸟图片到合适的位置后释放鼠标,如图 6－2 所示。

图 6－1　素材"6－1. jpg"　　　　　　　　　图 6－2　实验结果

二、设置素材图像的背景色透明效果

任 务 描 述:

在 Photoshop CS 中打开素材文件"6－2. jpg",把以外的空间变成透明,实验结果如图6-4 所示。

操 作 提 示:

1. 在 Photoshop 中打开素材文件"6－2. jpg",如图 6－3 所示;

2. 将"背景图层"转换成"普通图层";

3. 用"魔术棒工具"选取背景部分,按 Delete 删除选区,最终效果如图 6－4 所示。

图 6-3　素材"6-2.jpg"　　　　　　图 6-4　实验结果

三、图像的色彩修整

任 务 描 述:

在 Photoshop CS 中打开素材文件"6-3.jpg",将图像的色彩调整到正常,实验结果如图 6-6 所示。

操 作 提 示:

1. 在 Photoshop CS 中打开素材文件"6-3.jpg",如图 6-5 所示;

2. 用菜单"图像"→"调整"→"色阶"命令,设置输入色阶为"4,0.89,176";

3. 用菜单"图像"→"调整"→"色彩平衡"命令,设置色阶为"20,35,26";

4. 用菜单"图像"→"调整"→"色相和饱和度"命令,设置色相、饱和度和明度分别为"15,25,10",结果如图 6-6 所示。

图 6-5　素材"6-3.jpg"　　　　　　图 6-6　实验结果

四、图像的形状修整

任 务 描 述:

在 Photoshop CS 中打开素材文件"6-4.jpg",将照片中的女孩子调整得苗条一点,实验结果如图 6 - 8 所示。

操作提示：

1. 打开素材文件"6 - 4.jpg"，如图 6 - 7 所示；

2. 利用选框类工具，在图像上选取女孩子部分；

3. 执行"编辑"→"变换"→"缩放"命令，在出现的四角调节点上，调节选区的大小；

4. 在照片上双击，或敲回车键，得到如图 6 - 8 所示的效果。

图 6 - 7　素材"6 - 4.jpg"　　　　　　图 6 - 8　实验结果

五、图像的特技效果

任务描述：

在 Photoshop CS 中打开素材文件"6 - 5.jpg"，为其添加彩虹效果，实验结果如图 6 - 10 所示。

操作提示：

1. 打开素材文件"6 - 5.jpg"，如图 6 - 9 所示；

2. 创建一个新图层并命名为"彩虹"；

3. 打开"渐变编辑器"编辑"彩虹渐变"，如图 6 - 11 所示；

4. 在选项栏选"径向渐变"在"彩虹"层拖一适当大小的圆；

5. 用菜单"编辑"→"变换"→"缩放"命令，再用鼠标将圆变为椭圆；

6. 用"橡皮擦工具"（选项栏作 ［画笔 ● 模式：画笔 不透明度：50% 流量：30% 抹到历史记录］ 设置），在"彩虹"层绘画到满意程度；

7. 执行"滤镜"→"模糊"→"高斯模糊"命令，半径为 3.0 像素；

8. 用魔棒工具在"背景"层选取天空；

9. 切换到"彩虹"层反选，再删除选区，最终效果如图 6 - 10 所示；

10. 用"古塔彩虹.jpg"文件名保存到"D:\练习"。

图 6 - 9　素材"6 - 5.jpg"

图 6 - 10　实验结果

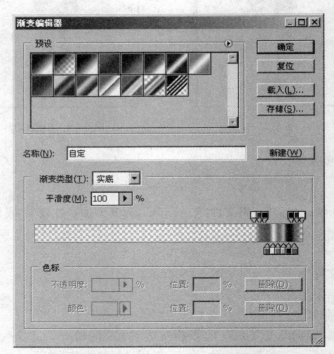

图 6 - 11　在"渐变编辑器"中编辑彩虹渐变

实验二　音效处理

【实验目的】

1. 掌握超级解霸 V8 播放器的启动方法；
2. 掌握超级解霸 V8 播放器播放音频文件的方法；
3. 熟悉使用超级解霸 V8 播放器转化音频文件的使用方法。

【实验内容】

1. 启动超级解霸；

2. 如何播放 VCD、DVD；

3. 如何将 VCD 保存为 MP3；

4. 用 MTV 自做 CD。

【实验环境】

1. 安装了 Windows 2000 Professional(或 server)操作系统的计算机一台,并已安装了"豪杰超级解霸 V8"应用程序；

2. 在"D:\"盘建有文件夹"练习"；

3. 若干张 VCD(DVD)光盘,机器安装有光驱、刻录机。

【实验步骤】

一、启动超级解霸

任务描述：

启动"豪杰超级解霸"。

操作提示：

启动"超级解霸"有如下方法：

1. "开始"→"程序"→"豪杰超级解霸 V8"→"豪杰超级解霸 V8"("豪杰音频解霸 V8")；

2. 利用桌面快捷方式(如没有,请创建)；

3. 利用超级解霸 V8 关联的文件；

4. 利用"我的电脑"或"资源管理器",找到"豪杰超级解霸 V8. EXE"并运行。

启动"超级解霸"后出现的主界面,如图 6 - 12 所示。

图 6 - 12　"超级解霸"主界面

二、如何播放 VCD、DVD

任务描述：

播放 VCD(或 DVD)。

操作提示：

播放 VCD、DVD 可以有如下几种方法：

1. 把 VCD(或 DVD)放到光驱里,用菜单"文件"→"自动搜索播放光盘"命令。如果是有多个光驱,请单击"播放光盘",然后在弹出的菜单中选择光盘所在的光驱进行播放。

2. 如果是播放硬盘上保存的文件,请选择"打开媒体文件"或"打开播放列表"项进行播放。

3. 直接把要播放的文件拖到超级解霸的控制界面上进行播放就可以了。

4. 在光驱上右击选"用超级解霸播放"。

5. 可以利用"导航中心"播放。

三、如何将 VCD 保存为 MP3

任务描述:

将 VCD 光盘中的歌曲保存成 MP3 格式,以便于用 MP3 播放器播放。

操作提示:

好看的 VCD 中自然会有很多好听的经典主题歌曲,如果想单独把这些金曲保留下来,用豪杰解霸就可以做到,方法很简单。

1. 使用音频解霸 V8 播放 VCD 光盘。

2. 单击播放面板上的"循环"按钮,单击后进度条的颜色发生改变,拖拽滑块到想要录取音乐的起始位置,单击"选择开始点"按钮选定开始点,再将滑块拖至录取区域的终止位置,单击"选择结束点",这样要录制的区域便确定了。

3. 最后单击"转为 MP3"按钮,系统会自动弹出"保存文件"对话框,在弹出的对话框中输入文件名称,单击"保存"按钮,该段 VCD 音乐就转录成 MP3 文件了。

四、用 MTV 自做 CD

任务描述:

把你自己喜欢的一些 MTV 歌曲制作成 CD 保存下来。

操作提示:

很多时候我们只需要 MTV 中的歌曲部分,但还是不得不将整个 MTV 都拷贝到硬盘上。MTV 的体积比较庞大,占用空间也比较大,有时不得不删掉自己喜欢的一些 MTV 歌曲。如果可以用解霸把 MTV 制作成 CD 进行保存,这样就更方便了。

1. 先将 MTV 用音频解霸进行播放;

2. 单击"音频"菜单,在弹出的子菜单内选择"左声道"(暂停播放,如果已播放一定要暂停);

3. 单击面板上"播放并录音"的按钮,弹出"保存文件"对话框,直接输入生成的 .wav 格式文件名称,然后单击"保存"按钮;

4. 最后再用刻录软件将一些 WAV 文件(大小不超过 650MB)刻录成 CD。这样,一张自己制作的 CD 就完成了。

实验三　动画制作

【实验目的】

1. 掌握创建、应用、修改元件的方法;

2. 熟悉简单动画的制作过程。

【实验内容】

1. 元件的创建和编辑;

2. 元件的应用和修改;

3. 制作简单的动画;

4. 综合练习。

【实验环境】

1. 安装了 Windows 2000 Professional(或 server)操作系统的计算机一台,并已安装了 Flash MX 应用程序;

2. 在"D:\"盘建有文件夹"练习"。

【实验步骤】

一、元件的创建和编辑

任务描述:

在 Flash MX 中元件有三种,包括影片剪辑、按钮、图形。创建一个金属球元件。

操作提示:

1. 用"开始"→"程序"→"Macromedia"→"Macromedia Flash MX 2004",打开"Flash MX"应用程序;

2. 在"混色器"中选填充样式选"放射状",设置好渐变,选择"椭圆工具"　在工作区中画一个圆面;

3. 选"选择工具"　选取圆边线,敲 Delete 键将其删除;

4. 选取圆面,用菜单"修改"→"转换为元件"命令,打开"转换为符号"对话框,输入"名称"为"金属球",选"行为"为"图形",如图 6 - 13 所示;

5. 单击"确定"按钮,创建元件。

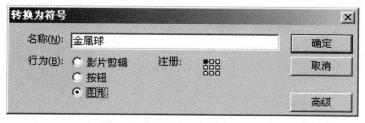

图 6 - 13 "转换为符号"对话框

说明: 也可用菜单"插入"→"新建元件"→"图形"命令,在元件编辑窗口用上面类似的方法,创建元件。

二、元件的应用和修改

任务描述:

利用"金属球"元件创建一个绿色的球和一个红色的卵形球。

操作提示:

1. 新建 Flash 文档,用菜单"窗口"→"库"命令,打开元件"库"泊坞窗;

2. 选择"金属球"元件,用鼠标拖拽两次到场景中得两个球;

3. 用"选择工具" 选中第一个金属球,在"混色器"中设置好渐变色(由浅绿到深绿);

4. 回到场景 1 中,单击第二个金属球,用菜单"修改"→"分离"命令;

5. 在"混色器"中设置好渐变色(由浅红到深红);

6. 单击空白处取消选择,移动鼠标当指针下方出现弧线时,按下鼠标拖拽到合适位置,再指另一边同样向相反方向拖拽,使其成卵形;

7. 选中卵形,用菜单"修改"→"转换为元件"命令,转换为元件,结果如图 6-14 所示。

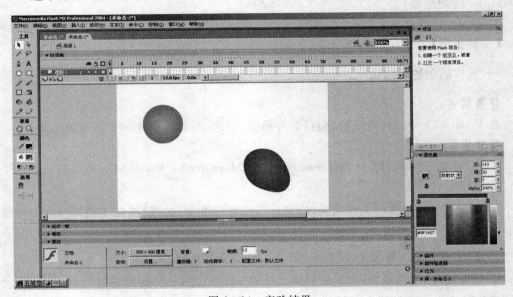

图 6-14　实验结果

三、制作简单的动画

任务描述:

创建一个红色卵形球按 S 形线翻滚的动画,稍后又有个绿色球也跟着翻滚从球变为椭圆球。

操作提示:

1. 新建 Flash 文档;

2. 拖拽"卵形球"元件到图层中,在 120 帧的位置"插入关键帧",并调整元件位置;

3. 分别在第 1 帧和第 120 帧的位置"创建补间动画",在属性栏设补间为"运动",旋转为"顺时针"次数为"5";

4. 新建运动引导层,用"钢笔工具"画 S 形曲线;

5. 新建图层 2,选中图层 2 第一帧,将元件"金属球"拖拽到其中,分别在第 20 帧、120 帧上插入"关键帧",并将 120 帧金属球变形为椭圆再移到合适的位置;

6. 分别在第 20 帧和第 120 帧的位置"创建补间动画",在属性栏设补间为"运动",旋转为"逆时针"次数为"10",勾选"调整到路径"。

测试影片,如图 6-15 所示。

四、综合练习

任务描述:

制作一个简单的台球桌,并有若干个不同颜色的球在桌上滚动。

操作提示:

1. 创建"台球"元件;

2. 在场景创建台球桌;

3. 建一个层,将"台球"元件拖拽到上面,制作一个沿某个路径运动的台球;

4. 重复上面的操作制作其他运动的台球;

4. 测试影片。

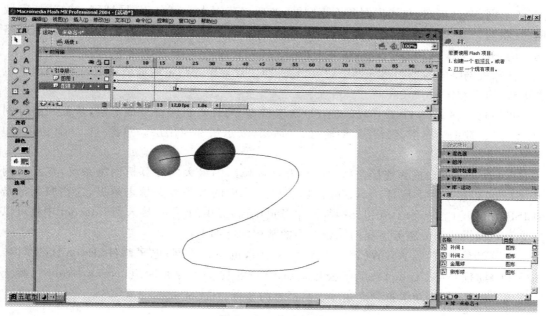

图 6-15　实验结果

第7章　网络应用基础

要点精讲

计算机网络是计算机技术和现代通信技术相结合的产物，随着科学技术的发展，网络已成为人们生活中不可缺少的一部分，学会使用网络资源是一件迫在眉睫的事情。

计算机网络根据划分方法的不同可分为不同的网络，按拓扑结构可分为：星形网、环形网、树形网、全链接网、总线形网和不规则网；按覆盖范围大小可分为：局域网、城域网、广域网、互联网；按网络使用范围可分为：公用网和专用网；按照交换功能分为：报文交换网、电路交换网、分组交换网和混合交换网。

计算机网络间通信须遵守网络协议，它是通信双方事先约定的通信规则的集合，通常包含语法、语义和定时。

我们要了解 ISO/OSI(开放系统互联参考模型)将计算机网络分成七层，从低到高分别为：物理层、数据链路层、网络层、传输层、会话层、表示层和应用层。熟悉 TCP/IP 协议，知道 IP 地址的有关设置。

Internet 已发展成为连接全球数以百万计局域网的最大的计算机网络系统，在互联网上，用户可以尽享网上信息，Internet 能够提供给我们的服务类型越来越多，这些服务都是由 ISP(Internet Service Prorider 因特网服务提供商)提供的，用户接入到 Internet 中就可以享受 ISP 提供的相关服务。我们比较熟悉的常用功能如下：

WWW 信息浏览：WWW(World Wide Web)，也叫万维网；电子邮件(E-mail)；文件传输(FTP)远程登陆(Telnet)、电子公告板(BBS)；还提供了像新闻组(News Group)、聊天 ICQ 以及电子商务、在线视频点播等丰富多彩的服务。

实验一　网页浏览器工具的使用

【实验目的】

1. 学会使用因特网；

2. 熟练掌握保存因特网上有用信息的方法。

【实验内容】

1. 漫游因特网；

2. 保存网页信息。

【实验环境】

1. 安装了 Windows 2000 Professional(或 server)操作系统的计算机一台，Internet Explorer 已升级到 IE6.0；

2. 在"D:\"盘建有文件夹"练习"；

3. 计算机已经连接 Internet。

【实验步骤】

一、漫游因特网

任务描述：

1. 浏览网站 http://www.sohu.com；将浏览器主页设为的"搜狐"主页。

2. 从"搜狐"主页进入搜狐的"体坛风云"页面。

操作提示：

1. 浏览网站主页面

浏览器主页是指每次启动 IE6.0 时默认访问的页面，如果希望在每次启动 IE6.0 时都进入"搜狐"的页面，可以把该页设为主页。

（1）直接输入网址的操作步骤如下：

①在地址栏中直接输入你想要访问的网页地址 URL（统一资源定位符）。这里在地址栏中输入"http://www.sohu.com"；

②敲击回车键，当状态栏显示"完成"的时候，窗口中就会显示出完整的"搜狐"网站的主页面，如图 7-1 所示。

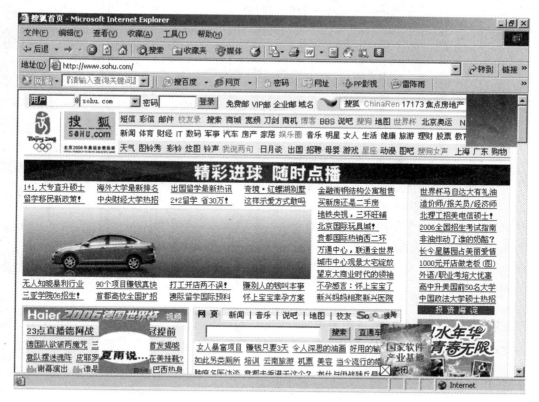

图 7-1　"搜狐"网站主页面

（2）利用下拉菜单的操作步骤如下：

若要访问最近访问过的网页，可在地址栏的地址下拉列表中找到其 URL 地址，直接进入想要访问的网页，如"http://www.sohu.com"，如图 7-2 所示。

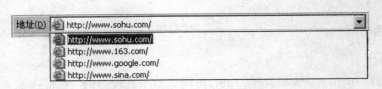

图 7 - 2 "地址栏"中的下拉列表

（3）设置浏览器主页的操作步骤如下：

①在桌面上右击 Internet Explorer（IE 浏览器），在弹出的快捷菜单中选择"属性"，弹出"Internet 属性"对话框，如图 7 - 3 所示。

②在"常规"选项卡的主页地址中输入"http://www.sohu.com"，单击"确定"按钮。

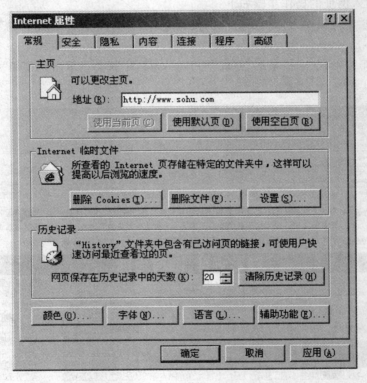

图 7 - 3 设置浏览器主页

如果已进入"搜狐"主页，可用菜单"工具"→"Internet 选项"命令，在打开的"Internet 属性"对话框中选"常规"选项卡，单击"使用当前页"按钮，当前页被设为浏览器主页。

2．浏览网页

（1）使用超级链接浏览网页的操作步骤如下：

①将"搜狐"主页打开；

②把光标移动到带有超级链接的某些文字、图片或按钮上，此时光标会变成一只小手，这里移到文字"体育"上；

③单击鼠标左键，这时就会转到"搜狐"的"体坛风云"页面，如图 7 - 4 所示。

图 7 - 4　"搜狐"网站的"体育"页面

（2）直接输入网页地址：

在地址栏中直接输入一个网页地址 URL"http://sports. sohu. com"。

二、保存网页信息

任务描述：

1. 将"搜狐"主页完整保存在"D:\练习"中；

2. 将"搜狐"主页用"搜狐 . bmp"存在"D:\练习"中。

3. 将"搜狐"主页面中文字"出国留学最新热讯"用 word 文档保存在"D:\练习"中；将 http://f1. sports. sohu. com/s2005/gtrd. shtml 页面中的汽车图片保存在"D:\练习"中。

操作提示：

用户在保存网页信息时，可以根据个人需要来保存信息，一般来说只保存图片和文字。

1. 保存整个网页

（1）使用"文件"菜单命令，保存完整信息

① 进入"搜狐"主页，用菜单"文件"→"另存为"命令，如图 7 - 5 所示；

② 选择相应的路径、文件名和保存类型，单击"保存"按钮，如图 7 - 6 所示。

（2）使用"PrintScreen"键，保存成图片

①进入"搜狐"主页，敲键盘上的 Alt＋PrintScreen 键，将 IE 窗口复制到剪贴板中；

②打开"画图"应用程序后，按"Ctrl＋v"组合键，则网页出现在画图中；

③在"画图"应用程序中保存即可。

2. 保存页面中的部分信息

（1）保存页面中文字

①进入"搜狐"主页，用鼠标选定要保存的文字"出国留学最新热讯"；

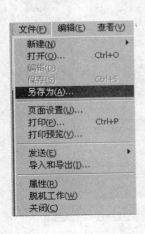
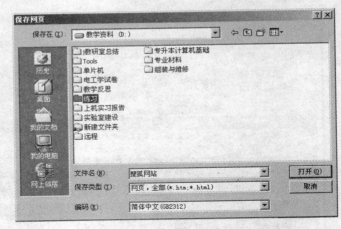

图7-5　"文件"菜单　　　　　　图7-6　选择相应的路径和文件名

② 用菜单"编辑"→"复制"命令，或使用快捷键Ctrl＋C，将选定的内容复制到Windows的剪贴板中；

③ 在Word应用程序中，将复制的内容"出国留学最新热讯"进行粘贴，快捷键是Ctrl＋V。

（2）保存页面中图片的操作步骤如下

① 进入http://f1.sports.sohu.com/s2005/gtrd.shtml页面，将鼠标移到页面中汽车图片上；

② 单击右键，在快捷菜单中选择"图片另存为…"命令，如图7-7所示；

图7-7　选择"图片另存为…"命令

③ 在"保存图片"对话框中，键入文件名"汽车"选好保存位置"d:\练习"，单击"保存"按钮。

（3）保存页面中的声音和影像

其方法同保存页面中的图片，这里不再举例。

注意：有些网页不支持用户下载信息，则无法进行保存操作。

实验二　利用搜索引擎工具查找所需资源

【实验目的】

1. 掌握利用因特网查找所需资源的方法；

2. 熟练掌握利用因特网查找一些软件的操作方法。

【实验内容】

1. 利用关键字查找相关的文字素材；

2. 按内容分类查找某方面的素材；

3. 查找所需的免费、共享、工具软件。

【实验环境】

1. 安装了 Windows 2000 Professional（或 server）操作系统的计算机一台，Internet Explorer 已升级到 IE6.0；

2. 计算机已经连接 Internet。

【实验步骤】

一、利用关键字查找相关的文字素材

任务描述：

搜索引擎根据关键字查询可以使用模糊查询、精确查询和逻辑查询。

1. 在"搜狐"网站用"计算机网络"关键字进行搜索；

2. 输入关键字"计算机网络＋数据通信"进行搜索。

操作提示：

1. 模糊查询

(1) 打开 IE 6.0 浏览器，进入到"搜狐"网站主页，如图 7-8 所示。

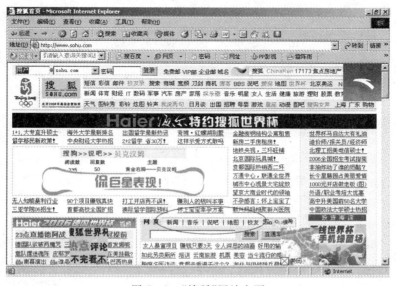

图 7-8　"搜狐"网站主页

（2）在搜索栏中输入"计算机网络"，单击"搜索"按钮，搜索结果如图 7-9 所示。页面中排列出包含关键字"计算机网络"的网页。

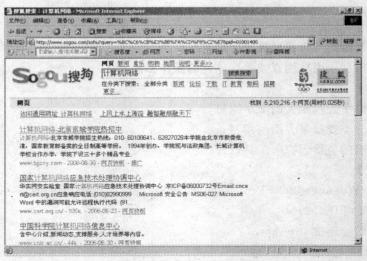

图 7-9　根据关键字搜索结果

（3）每一个关于"计算机网络"的网页项目上，都有页面的超级链接，并且对页面的链接都有简单介绍，可以根据你的需要点击你想要访问的页面，而不需要先知道它的网址。

2．精确查询

精确查询的方法是在关键字两边加一个半角的双引号，如关键字"计算机"，表示只查找"计算机"的网站，而不会查找"计算机网络"的网站。多个关键字之间可用"，"隔开。

3．逻辑查询

（1）符号 &（或者符号＋）：表示 AND（与）操作

例如输入"计算机网络＋数据通信"，表示希望查询同时含有关键字"计算机网络"和"数据通信"的网站。逻辑查询结果如图 7-10 所示。

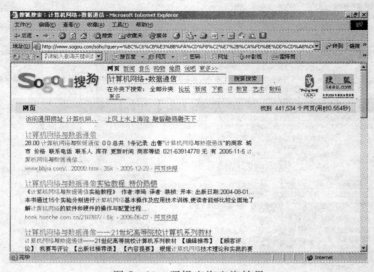

图 7-10　逻辑查询查询结果

（2）符号"，"表示 OR（或）操作。例如"计算机网络，数据通信"，表示希望查询含有关键字"计算机网络"或"数据通信"的网站。

（3）符号"一"表示 NOT（非）操作，例如"计算机网络一数据通信"，表示希望查询含有关键字"计算机网络"但不含有"数据通信"的网站。

注意："＋"、"，"、"一"均为半角符号。

二、按内容分类查找某方面的素材

任务描述：

按分类目录搜索"北京邮电大学 2006 高教自考招生"。

操作提示：

1. 进入"搜狐"网站主页的"搜索引擎"（单击主页标题中的"搜索"超链接），如图 7 - 11 所示。从中可以看出，其上列出许多按资源属性分类的总标题目录。

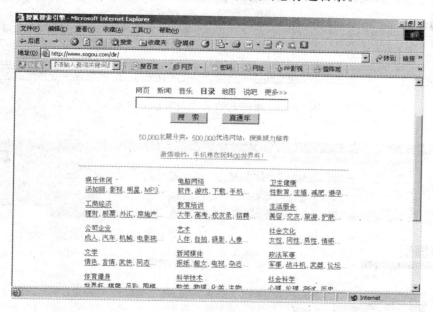

图 7 - 11　"搜狐"网站的"搜索引擎"

2. 按目录"教育培训→高等教育→高校招生信息→北京邮电大学 2006 高教自考招生"逐级缩小搜索范围。直到出现"北京邮电大学 2006 高教自考招生"网站，如图 7 - 12 所示。

三、查找所需的免费、共享、工具软件

任务描述：

从"华军软件园"查找"《江民杀毒软件 KV2006》"的信息（华军软件园地址是：http://www.onlinedown.net）。

操作提示：

1. 在地址栏输入"http://www.onlinedown.net"，则可进入"华军软件园"网站，如图 7 -13 所示；

图 7-12　北邮 2006 高教自考招生网页

图 7-13　"华军软件园"网站页面

2. 点击"装机必备→江民杀毒软件→详细介绍",打开所需网页,如图 7-14 所示,在此可以看到"江民杀毒软件 KV2006"的详细信息。

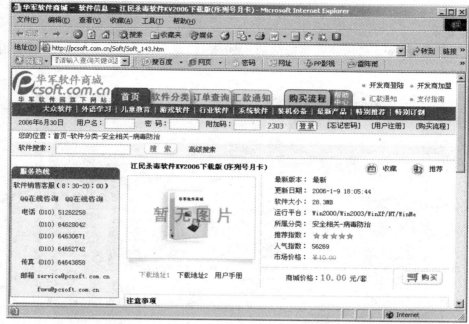

图 7 - 14　江民杀毒软件 KV2006 介绍

页面上还有搜索功能，能快速地找到需要的软件。

常用的软件站点还有软件大本营（http：//www. libojun. cn. st/）、中网下载（http：//download. com. cn）、郑州下载（http：//soft. zz. ha. cn）等。

实验三　使用电子邮件服务

【实验目的】

1. 学会申请电子邮件的方法；

2. 掌握邮箱的管理方法。

【实验内容】

1. 通过 WWW 界面获得电子邮件服务；

2. 利用电子邮件软件管理邮箱。

【实验环境】

1. 安装了 Windows 2000 Professional（或 server）操作系统的计算机一台，Internet Explorer 已升级到 IE6.0；

2. 在"D:\"盘建有文件夹"练习"；

3. 计算机已经连接 Internet。

【实验步骤】

一、通过 WWW 界面获得电子邮件服务

任务描述：

在新浪网上申请一个用户名为你名字汉语拼音缩写的免费电子邮箱（如用户名有重，请在后面加数字序号）。

操作提示：

1. 启动 IE，在地址栏内输入新浪网的地址：http://www.sina.com，显示的页面如图 7-15 所示。

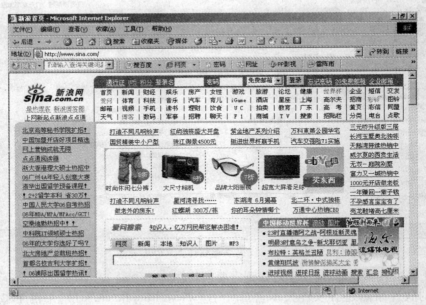

图 7-15　新浪网主页

2. 单击"2G 免费邮箱"，进入新浪网邮箱主页，如图 7-16 所示。在"请填入邮箱名"提示栏中写入用户名如"twu2311"（后面的@sina.com 不要输），单击"检测邮箱是否被占用"按钮，如提示未被占用，单击"下一步"按钮，否则更换用户名重复上面的操作。

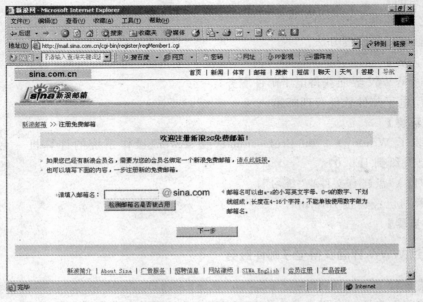

图 7-16　会员注册页面

　　3. 进入注册免费邮箱页面,如图 7 - 17 所示,在页面中填入相关的资料(注意:要记下输入的资料,以防遗忘而进入不了邮箱),填写完毕后单击"提交"按钮。如果前面的信息都填写正确的话,就会看到一个注册成功的页面,记下电子邮件信箱地址,如图 7 - 18 所示,这表明已成功注册。

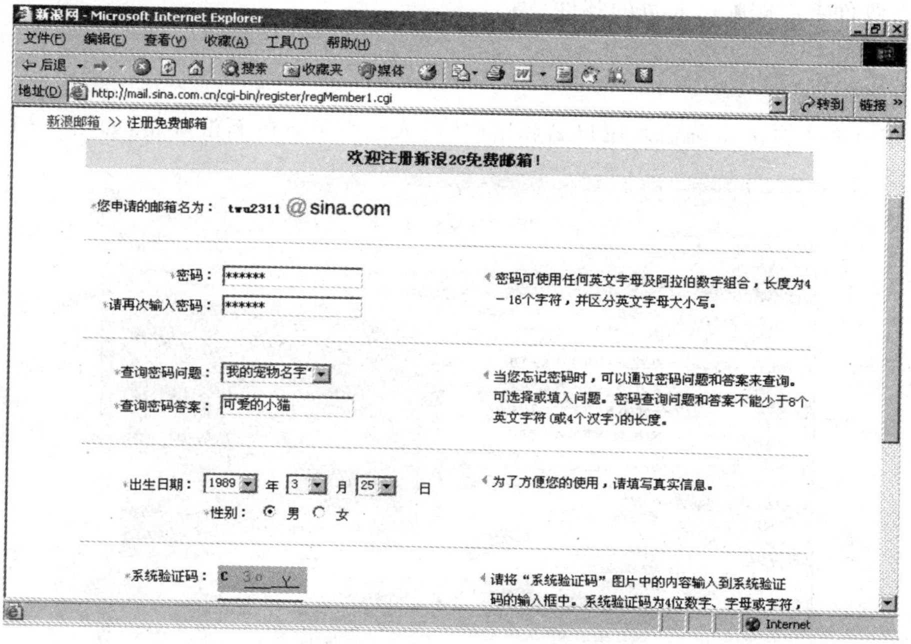

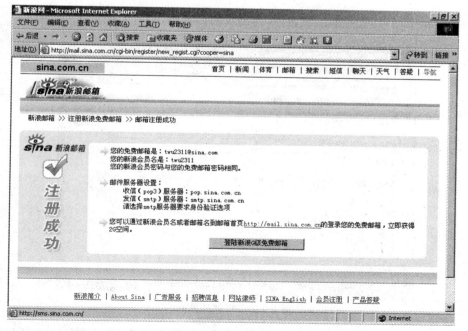

图 7 - 17　注册免费邮箱页面

图 7 - 18　注册成功

二、利用电子邮件软件管理邮箱

任务描述：

1. 发送邮件，给你的老师发送一封邮件；

2. 在收件夹中删除已看过的邮件。

操作提示：

1. 发送邮件

（1）在新浪主页上正确输入用户名和密码，进入已申请好的新浪邮箱，如图 7-19 所示；

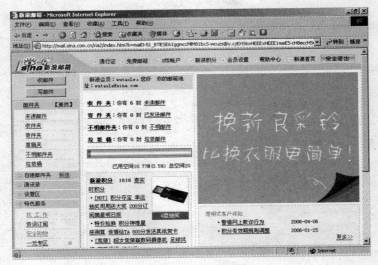

图 7-19　新浪邮箱

（2）在邮箱中点击 写邮件 按钮，将弹出写邮件界面，如图 7-20 所示；

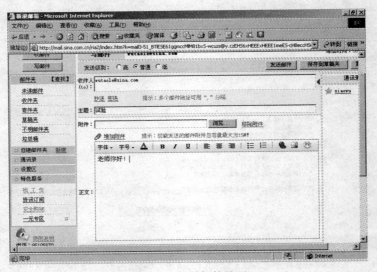

图 7-20　写邮件界面

（3）在"收件人"输入你老师的邮箱地址，"主题"输入"试验"，"正文"输入"老师你好！"

（4）点击 发送邮件 按钮，即可发送邮件。

2. 删除邮件

（1）在新浪邮箱中点击**收件夹**按钮，弹出收件夹网页，如图 7 - 21 所示；

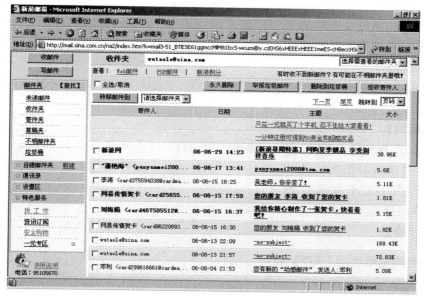

图 7 - 21　收件夹网页

（2）在已阅的邮件前选中单选框 □ ，如在"李涛"、"邓利"两位同学的邮件前选中单选框；

（3）点击 永久删除 按钮，如图 7 - 22 所示；

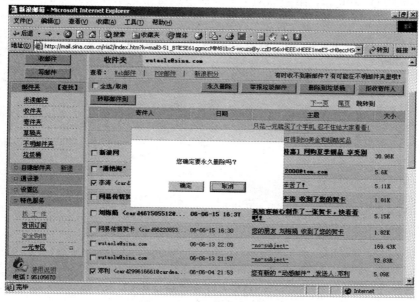

图 7 - 22　删除邮件对话框

（4）在提示对话框中点击 确定 按钮，邮件被删除。

*实验四　文件下载工具

【实验目的】

1. 掌握利用浏览器访问 FTP 站点的方法；

2. 掌握使用图形界面的 FTP 工具。

【实验内容】

1. 利用浏览器访问 FTP 站点；

2. 使用图形界面的 FTP 工具。

【实验环境】

1. 安装了 Windows 2000 Professional（或 server）操作系统的计算机一台，Internet Explorer 已升级到 IE6.0；

2. 在"D：\"盘建有文件夹"练习"；

3. 计算机已经连接 Internet。

【实验步骤】

一、利用浏览器访问 FTP 站点

任务描述：

从清华大学文件服务器下载多媒体软件"mplayer"，并保存到"D：\练习"。

操作提示：

1. 在 IE 的地址栏中输入要访问的 FTP 服务器地址。如清华大学文件服务器的地址：ftp：//ftp.tsinghua.edu.cn。结果如图 7－23 所示。屏幕显示该服务器的总目录。

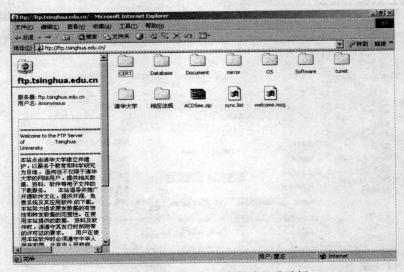

图 7－23　清华 FTP 服务器总目录示例

＊　如学院有 FTP 服务器，则此实验可作适当调整。

2. 按照目录"software→multimedia"进入如图 7－24 所示界面。

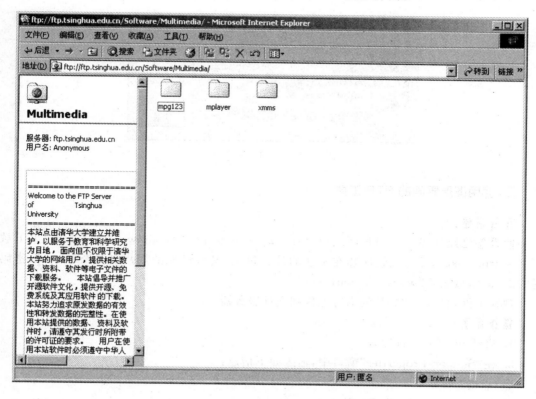

图 7－24　清华 FTP 服务器多媒体软件文件夹

3. 右击文件名"mplayer"，则弹出快捷菜单对话框，单击"复制到文件夹"菜单，弹出浏览文件夹对话框，选择保存位置"D:\练习"，单击"确定"按钮，如图 7－25 所示。

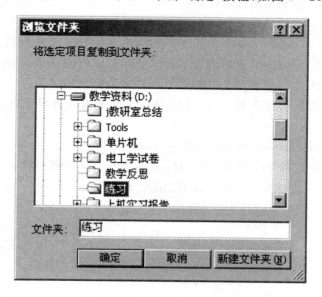

图 7－25　浏览文件夹对话框

4. 单击"确定"按钮,弹出"正在复制…"窗口,如图 7-26 所示,直至下载完毕。

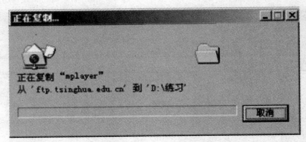

图 7-26　文件下载显示

二、使用图形界面的 FTP 工具

任务描述:

假设您已经从 WS－FTP 网站(http://www.csra.net/junodj/ws_ftp32.htm)上下载了"ws_ftple.exe",并将该软件装在了您的计算机上,又假设您的用户名是"xiaowu",密码是"123456",域名是"www.xiaowu1.net"。

现在上网,将"D:\练习"的内容上传到文件服务器。

操作提示:

1. 启动 ws_ftp95 程序。

2. 在"Session Properties"窗口中,输入如下信息:

(1)点击"New";

(2)输入"xiaowu"作为 ProfileName;

(3)输入"ftp.xiaowu1.net"作为 HostName;

(4)输入"xiaowu"作为用户名(User ID);

(5)输入"123456"作为密码(Password);

(6)输入"xiaowu"作为 Account。

3. 点击 OK,"Session Properties"窗口将会关闭,ws_ftp95 工作窗口会打开。窗口的右侧应显示在服务器上您的账户,您应看到 public_heml,文件夹(directory),点击进入,如果您已经有文件在其中,您应该看到文件的显示。

4. 窗口的左侧应显示您准备上传,目前仍存于您本地计算机上的文件,请告诉 WS_FTP95 它们在哪里。

5. 将传送模式(transmission mode)设成"Binary"。

6. 从左侧窗口中选择"D:\练习"内文件,点击－－＞按钮就可将其上传到服务器。同样的道理,点击＜－－按钮就可下载文件到您的计算机上。

第 8 章　信息安全与职业道德

要点精讲

　　计算机病毒是计算机安全中的一大毒瘤,已成为当前计算机信息安全的一个重要问题,令大部分计算机用户畏惧,因为病毒可以在瞬间损坏文件系统,使计算机陷入瘫痪。本章主要介绍计算机病信息安全等知识。

　　1. 计算机病毒一般可分为三种类型:引导区型、文件型、混合型。

　　2. 对计算机的病毒应该采用预防和清除两种方式。

　　(1)管理方面的预防应注意如下事项:

　　①任何情况下,应该保留一张无病毒的系统启动盘,用于清除计算机病毒和清理系统;

　　②不要随意下载软件,即使下载,也要使用最新的防病毒工具来扫描;

　　③备份重要数据,数据的备份是防止数据丢失最保险的途径;

　　④重点保护数据共享的网络服务器,控制写的权利,不在服务器上运行可疑软件和不知情软件;

　　⑤尊重知识产权,使用正版软件;

　　⑥只要计算机连在网络上,就有被病毒传染的可能,因此应该注意不去打开来路不明的文件或电子邮件,以免感染病毒。

　　(2)计算机病毒的检测与清除

　　使用杀毒软件,是检测与清除计算机病毒的最常见方法。

　　目前常用的杀毒软件有:中国公安部开发的"KILL"、北京江民新技术有限责任公司开发的"KV3000"、北京瑞星电脑科技开发公司开发的"瑞星"等,其他常见杀毒软件还有:诺顿、金山毒霸、卡巴斯基等等。

　　(3)杀毒软件的升级

　　杀毒软件一般具有被动性和滞后性,它是在对已知的病毒进行特征分析后编制的,因此只能检测并清除已经认识的病毒,对于新出现的病毒或某些病毒的变种则无能为力。由于每天都有可能产生新的病毒,所以即使有了杀毒软件,也要定期进行版本升级和病毒特征库更新。

实验　病毒防治

【实验目的】

1. 掌握对指定目录查毒的方法;

2. 熟悉杀毒软件的设置和网上升级。

【实验内容】

1. 指定目录查毒;

2. 杀毒软件设置；

3. 病毒库的在线升级。

【实验环境】

1. 安装了 Windows 2000 Professional（或 server）操作系统的计算机一台，并已安装了"瑞星杀毒软件"应用程序；

2. 计算机已经连接 Internet；

3. 有一个优盘。

【实验步骤】

一、指定目录查毒

任务描述：

使用"瑞星杀毒软件"对优盘扫描（如没有可选择其他磁盘）。

操作提示：

1. 安装"瑞星杀毒软件"后，会在桌面的任务栏显示区出现 ☂ 符号，双击打开软件，如图 8-1 所示。或通过"开始"→"程序"→"瑞星杀毒软件"→"瑞星杀毒软件"。

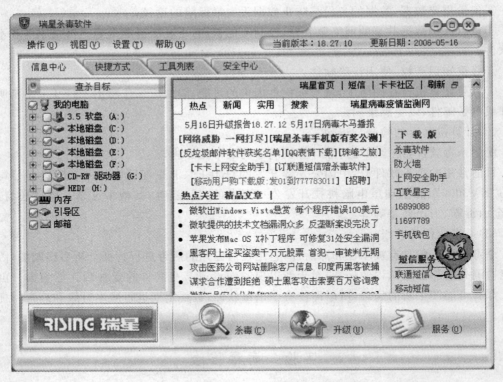

图 8-1　"瑞星杀毒软件"主界面

2. 单击"查杀目录"里的 ⊞ 标记可打开相应目，勾选移动盘前的复选框，单击"杀毒"按钮开始对移动盘进行杀毒。

3. 杀毒过程中可看到杀毒情况，结束以后会出现"杀毒结束"对话框，如图 8-2 所示；单击"确定"按钮，回到主界面可看到查杀情况，如图 8-3 所示。

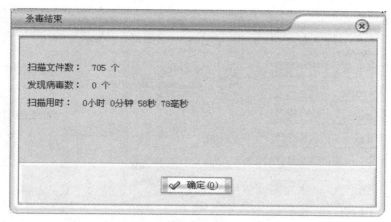

图 8-2　"杀毒结束"对话框

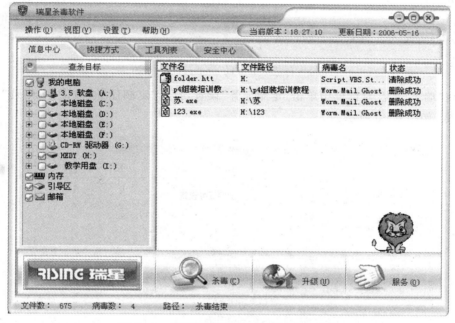

图 8-3　杀毒结束"瑞星杀毒软件"主界面

二、杀毒软件设置

任务描述：

1. 将手动扫描时发现病毒设置为"询问用户"，杀毒结束设置为"返回"；

2. 将"定制任务"设置为"开机扫描"；

3. 对"监控设置"改为"启用所有监控"。

操作提示：

1. 在桌面的任务栏显示区 图标上单击左键选"详细设置"，或在"瑞星杀毒软件"主界面用菜单"设置"→"详细设置"，打开"瑞星设置"对话框，如图 8-4 所示。

图 8-4 "瑞星设置"手动扫描对话框

2. 在"瑞星设置"对话框中单击"定制任务"设置，打开"定制任务"对话框，勾选"开机扫描"复选框，如图 8-5 所示。

图 8-5 "定制任务"对话框

3. 在"瑞星设置"对话框中单击"瑞星监控中心"按钮，或通过"开始"→"程序"→"瑞星杀毒软件"→"瑞星监控中心"，或在桌面的任务栏显示区 图标上单击右键，选"瑞星监控中心"打开"瑞星监控中心设置"对话框，如图 8-6 所示。

图 8-6　"瑞星监控中心"对话框

或在 🛡️ 图标上单击右键,选"开启所有监控"。

三、病毒库的在线升级

任务描述:

对"瑞星杀毒软件"进行在线升级。

操作提示:

1. 在 🛡️ 图标上单击选"启动智能升级";或通过"开始"→"程序"→"瑞星杀毒软件"→"升级程序",开始连接网络,如图 8-7 所示。

图 8-7　升级中连接网络

2. 然后进入软件更新过程,如图 8-8 所示。

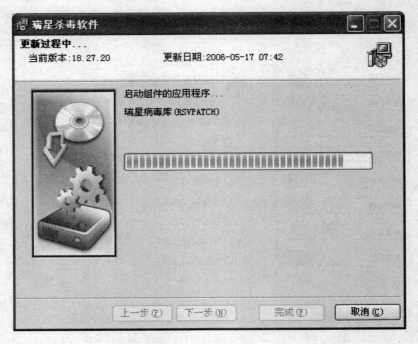

图 8-8 更新过程

3. 单击"下一步",打开"瑞星软件智能升级程序"对话框,如图 8-9 所示。

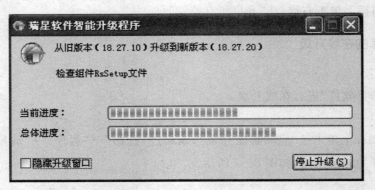

图 8-9 升级过程中复制文件

4. 单击"完成"按钮,升级结束。

其他杀毒软件与"瑞星"类似。

附录 1　实验报告样本

《计算机应用基础》实验实习报告

开课实验室：　　　　　年　　月　　日

系部		年级、专业、班		姓名		成绩	
实验名称					指导教师		
教师评估					教师签名： 年 月 日		
实验目的							
实验内容							
实验步骤							

装　订　线

实

验

步

骤

装　订　线

问

题

与

发

现

附录 2　操作系统常用快捷键

快捷键	功　　能
F1	显示当前程序或者 Windows 的帮助内容
F2	对项目重命名
F3	当你在桌面上的时候是打开"查找:所有文件"对话框
F5	刷新窗口的内容(常在 IE 浏览器中使用)
Delete	删除被选择的项目,如果是文件或文件夹,将被放入回收站
Ctrl+Alt+Delete	打开任务管理器(Windows XP)
Ctrl+拖动	复制项目
Ctrl+N	新建一个新的文件
Ctrl+O	打开"打开文件"对话框
Ctrl+P	打开"打印"对话框
Ctrl+A	选择所有项目
Ctrl+S	保存当前操作的文件
Ctrl+X	剪切被选择的项目到剪贴板
Ctrl+C 或 Ctrl+INSERT	复制被选择的项目到剪贴板
Ctrl+Z 或 Alt+Backspace	撤销上一步的操作
Ctrl+F4	关闭当前应用程序中的一个文档(如 Word 中)
Ctrl+F6	在当前应用程序中的不同文档中切换
Windows 或 Ctrl+Esc	打开开始菜单
Windows+M	最小化所有被打开的窗口
Windows+D	显示桌面/恢复窗口
Windows+E	打开资源管理器
Windows+F	打开"查找:所有文件"对话框
Windows+R	打开"运行"对话框
Windows+BREAK	打开"系统属性"对话框
Windows+Ctrl+F	打开"查找:计算机"对话框
Shift	在放入 CD 的时候按下不放,可以跳过自动播放 CD。在打开 Word 的时候按下不放,可以跳过自启动的宏
Shift+拖动	对文件操作时移动文件

（续表）

快捷键	功　　能
Shift＋F10 或鼠标右击	打开当前活动项目的快捷菜单
Shift＋Delete	删除被选择的项目，如果是文件或文件夹，将被直接删除而不是放入回收站
Shift＋Alt＋Backspace	重做上一步被撤销的操作
Alt 或 F10	激活当前程序的菜单栏
Alt＋菜单上下划线字母	执行菜单上相应的命令
Alt＋空格键	显示当前窗口的系统菜单
Alt＋F4	关闭当前应用程序
Alt＋Tab	切换当前程序
Alt＋Esc	切换当前程序
Alt＋Enter	查看项目的属性；将 Windows 下运行的 MSDOS 窗口在窗口和全屏幕状态间切换
Alt＋双击	查看项目的属性
PrintScreen	将当前屏幕以图像方式拷贝到剪贴板
Alt＋PrintScreen	将当前活动程序窗口以图像方式拷贝到剪贴板